事例に学ぶ

製造不良低減の
進め方

福原 證 著

変化に敏感な
イキイキ職場をつくる

日科技連

まえがき

　顧客は、感動する品質の製品を期待しています。今や、品質保証活動の重点は技術開発や企画の段階にあるといっても過言ではありません。しかし、企画の品質が感動できるものであったとしても、製造品質が不安定で、できばえ不良があっては台無しになってしまいます。

　第2次世界大戦後、先人たちの努力の結果、製造品質は目覚ましく向上しました。今や、工程不良は限りなくゼロに近いレベルになっています。だからこそ、顧客は感動要素に関心を寄せられるのです。

　筆者は1965年にトヨタ車体㈱に奉職し、品質保証機能の総括業務に従事しました。同社は、1975年頃までは「できばえ品質でグループ内トップレベルを確保する」を重点目標として工程管理の基本に徹した活動を展開して成果を上げました。その中で、現場監督者の行動のあり方が成果に大きくかかわりをもつことも体験しました。

　1985年に中部品質管理協会に転籍し、会員企業の体質強化支援に携わりました。ある大企業から、「慢性不良がなくならなくて困っている。なにかよい方法はないか」との相談を受けました。日々の製造不良推移グラフを見たときに慢性不良とは異質の動きを感じたので、製造の監督者に対して、作業者が「いつもと違う」と感じた状態をメモしていただくようお願いしました。その結果、6か月もしないうちに10年以上悩まされていた慢性不良がゼロになりました。設計的、設備的に無理があるための慢性不良と思い込んでいた不具合に、日々変化する環境要因がかなり影響していることに気がついた結果です。現場の作業者は毎日の現場を知っているので変化には敏感です。後日、生産課長が全国の品質管理大会でこの事例を発表したところ、世話人の先生や聴衆の方々から、「維持の活動から慢性不良を退治した」事例として高い評価をいた

だきました。

　この経験以来、いろいろな企業の製造現場に対して同種の活動を提案してきました。輸送機器、装置産業、陶磁器、半導体製造、鋳造、機械加工、樹脂加工、組付けなどの現場、さらにはアメリカ、ドイツ、タイ、台湾など外国企業の現場にも対応しましたが、どの企業も例外なく、成果を上げてくれました。

　働くのはヒトです。どんなに工程設備などが進化しようとも最後はヒトの力が決め手となります。不良ゼロを説得材料にして、注意事項を無限に増やしてみたり、やりにくい作業を強いたりしてしまうと逆の結果を招きます。先の効果を上げた企業で共通することは、「ポジティブな姿勢で作業する集団から不良は発生しない」という、いかにも単純なことでした。逆の言い方をすれば、「作業を楽しむ集団を育てると不良は発生しなくなる」ということです。筆者はこのような職場を「イキイキ職場」といっています。世界中どこへ行っても現場で働く人たちは、本能的に「不良はつくりたくない」と感じています。仕事を楽しむ集団の育成は管理者・監督者の方に最も大切にしていただきたいことなのです。いかにも非科学的で、前時代的な話に聞こえるかもしれませんが、1個の不良もつくらない職場づくりには欠かすことのできない要素だと感じています。

　本書では、工程管理の基本を確認したうえで、散発する不具合、ポカミスと片付けている不具合の防止に向けて、「イキイキ職場」を育てるポイントを詳述することにしました。変化への感度を上げるために、統計的には矛盾するような考え方も登場してきます。変化に敏感であるためには、なんでもないのに大騒ぎしてしまったといった誤り(統計的にはあわて者の誤りといいます)がある程度増えることはやむを得ないとの考え方からの提案です。

　本書が、イキイキ職場づくりのヒントとなって、読者の皆様の職場が不良を嫌う職場に成長してくれることを願っています。

　これまでに、多くの先輩、仲間の協力をいただきました。長く付き合ってくれた企業の方々や、いろいろなアドバイスをいただいた先生・仲間など、名前を挙げるときりがありません。とりわけ、10 年以上かけて現場の監督者全員を「福原教室」で体験学習させたヤマハマリン㈱の雪嶋奏氏、自らも現場に入って作業者と一緒になってイキイキ職場づくりを推進した㈱ルネサステクノロジ（高崎）の丹下恵理子氏、アメリカの工場で展開の機会を提供してくれた ITT の J.K.Pratt 氏、H. Mutlu 氏は、実践における進め方のヒントを提供してくれました（いずれも会社名は当時）。本書の中にもいくつかの実例を拝借して紹介しています。また、全体をまとめる段階では、㈲アイテムツーワンの池田光司社長に貴重なアドバイスを受けました。この場を借りて、厚くお礼申し上げます。

　本書の出版にあたって、日科技連出版社の鈴木兄宏取締役出版部長、石田新係長にお世話をいただきました。感謝申し上げます。

　2022 年 11 月

福原　證

本書の読み方・使い方

　本書は、製造工程での不良発生を予防するための活動手引書です。

　従来から工程管理は、「作業標準の作成・教育訓練・作業の実施・異常の検知・結果の確認」の流れ、つまり、SDCA（Standardize-Do-Check-Act）のサイクルを重視して整備されてきました。ここでは、工程能力の確保・維持をねらいとしたしくみの整備に重点がおかれていました。先輩諸氏の努力の結果、工程能力への取組みは成果を上げ、現在では工程能力以外の問題（代表例がポカミス）への対応で苦心されている工場が多いと思います。本書は、こうしたすべての問題を包含して、発生を予防する方法を示したものです。

［本書の対象者］

　本書は基本的には、職場の第一線監督者を対象としていますが、職層でいうと一般社員・管理者・スタッフ、部門でいうと開発部門・生産技術部門など、幅広い層の人たちにも使ってもらえるようにしています。

［本書の構成］

　前半の第3章までは現場第一線監督者の方々を中心に、現場で発生する問題のタイプと対処の方法、不良発生を嫌う「イキイキ職場」実現のための実務を説明しています。

　後半の第4章、第5章は工程管理の基本、絶対的にゼロを保証しなければならない重要特性（安全・遵法など）への取組みを説明しています。これらは開発部門を含めた全社の関係者（管理者・スタッフなど）に知っていただきたいことです。

［読み方］

　第1章から順に読んでいくのが基本ですが、現場監督者の人は、特に第2章，第3章を熟読して実務体験されることが有効です。また、管理

者・スタッフの人は、第4章を読んで基本を確認した後に、第2章、第3章を読まれることをお勧めします。

[使い方]

本書は以下のような使い方ができます。

① 現場の問題発生予防に悩んでいる監督者の手引書

② 現場監督者育成のテキスト

③ 品質管理講習会のテキストまたは参考書

本書の内容で、（公社）大阪府工業協会や、㈲アイテックインターナショナルが実施した講習会のカリキュラム例を表1に示します。

セミナーの対象は、工場の幹部・生産課長・スタッフ・監督者、品質保証部門スタッフです。

また、本書を使って社内講習会を実施することもできます。

講師は社外のQC学識経験者に依頼することが望ましいのですが、困難な場合は社内のベテランが講義を担当してください。

監督者には実務体験の機会を設けることをお勧めします。

社外講師が実施した実務指導会の例です。6か月を1単位とした活動です。

① 「自工程不良を半減する」、「15日間連続ゼロを実現する」などのテーマを設定して毎月1時間、講師とのやり取りをします。監

表1　本書による講習会のカリキュラム例

時　　　間	講　義　題　目	本書の該当章
9：00 ～ 9：20	QC的なものの考え方	第1章
9：20 ～ 11：30	工程管理の基本	第4章
11：30 ～ 14：00	工程不良と要因	第2章
14：00 ～ 15：30	不良タイプ別対応法	第2章
15：30 ～ 16：00	イキイキ職場	第3章
16：00 ～ 16：30	リーダーの心がけ	第4章

督者が準備するものは、日々の推移グラフのみで、講師から質問を出して Q&A で行動のポイントを体得させます(キャッチボールが決め手)。

テーマの内容によっては、特性要因図、保証の網など、手法の使い方もアドバイスします。

② 指導会には上司も同席して、監督者への指導・アドバイスのやり方を学びます(他職場への横展開)。

③ 6か月目に成果報告会を工場長出席で実施し、目標達成者には工場長から終了証を渡します(目標未達の場合は卒業延期ですが、展開した工場での実績は期間内に目標を達成した監督者割合は85%でした)。

一人で自学自習することも可能ですが、職場特有の事情があった場合は事情に合わせた展開が必要になります。また、仕事を通じて明るい職場づくりを目指しています。リーダー自身が達成感を味わえるよう、上司の支援・アドバイスが必須です。

大切なことは、学んだことを実践してみることです。学問的には疑問が残る点もありますので、体験で有効性を感じてください。実践により新しい体験が得られ、自工程に合った展開が見えてきます。

目　　次

まえがき……………………………………………………… iii

本書の読み方・使い方……………………………………… vi

第1章　製造品質に対する不良低減活動の実情 …………………… 1

　1.1　1945 年〜 1965 年頃の要求品質　　2

　1.2　1965 年〜 1975 年頃の要求品質　　3

　1.3　1975 年〜 2000 年頃の要求品質　　5

　1.4　2000 年以降の要求品質　　7

第2章　製造不良低減への取組み ……………………………… 9

　2.1　問題解決活動　　10

　　2.1.1　「はたらく」とは　　10

　　2.1.2　QC 的問題解決法　　13

　2.2　製造不良の発生パターン　　17

　　2.2.1　製造品質の課題　　17

　　2.2.2　製造不良のタイプ　　18

　　2.2.3　不良のタイプ別発生要因　　19

　　2.2.4　発生タイプ別問題解決　　21

　2.3　不良の発生タイプ別対応法　　34

　　2.3.1　慢性型への対応：「なぜ、なぜ」　　34

　　2.3.2　散発型への対応：「なにか」　　38

　　2.3.3　突発型への対応：「どれどれ」　　64

　　2.3.4　単発型への対応：「どうしたら」　　66

　　2.3.5　タイプ別問題解決法のまとめ　　77

第3章　ポカミスを防ぐイキイキ職場づくり ……………… 81

3.1　ポカミスはなぜ起きるのか　82

　3.1.1　ポカミス発生の仕方　82

　3.1.2　ヒューマンエラーとポカミス　83

3.2　開発段階でのムリ作業対応　84

3.3　イキイキ職場　86

　3.3.1　イキイキ職場とは　86

　3.3.2　イキイキ職場を育てる　87

第4章　工程管理の基本 ………………………………… 101

4.1　工程管理の体系　102

　4.1.1　作業標準を整備する（Standardize）　104

　4.1.2　訓練する（Standardize–Training）　111

　4.1.3　作業する（Do）　114

　4.1.4　プロセス・結果をチェックする（Check）　118

　4.1.5　良さを確認する（Act）　120

4.2　変化に敏感な工程づくり　121

4.3　工程能力の確保　125

　4.3.1　工程能力とは　125

　4.3.2　開発段階での活動　129

　4.3.3　QC工程表の役割　132

　4.3.4　QAネットワーク　137

　4.3.5　工程保証体系のしくみ　144

第5章　重大な特性に対する対応 ……………………… 147

5.1　フールプルーフ（Fool Proof：FP）　148

　5.1.1　FPの定義　148

5.1.2　良い FP の条件　　149

5.1.3　FP 検討の対象　　149

5.2　ポカヨケ　　151

あとがき……………………………………………………………………………………155

参考文献……………………………………………………………………………………157

索　　引……………………………………………………………………………………159

第 1 章

製造品質に対する
不良低減活動の実情

　品質に対する顧客の要求は、時代とともに変化しています。

　忘れてはならないのは、前提として製造品質が安定していることです。

　本章では、要求品質の変化につれて製造品質の課題がどのように変化しているかを眺めてみることにします。

　第2次世界大戦後の日本産業界における品質への挑戦過程を振り返ってみると、いくつかの変遷がありました。大きく分類すると、

　　　1945年〜1985年：製造品質(できばえの品質)の安定
　　　1985年〜1975年：機能・性能の向上
　　　1975年〜　　　　：企画の品質
　　　　　　　　　• 顧客満足から顧客感動へ
　　　　　　　　　• 「もの」から「こと」へのシフト

となります。製造品質の不良低減についても、この要求品質の変遷に応じて活動の着眼点が変化してきました。

1.1　1945年〜1965年頃の要求品質

　メイド・イン・ジャパンは、「安かろう、悪かろう」の代名詞と揶揄された時代がしばらく続きました。顧客にとっては商品を手にして梱包を開けてみないと安心できない、つまり、当たり外れが大きく(ばらつきが大きい)、不良品をつかまされる可能性が高かったのです。

　当時の最大顧客でもあった、GHQ(連合国駐留軍)のW.G.Magil氏らが当時の主要サプライヤーに品質の悪さについての苦言を呈し、「検査での保証には限度がある、不良をつくらない工程づくりを心掛けなさい」と指摘し、管理図の活用を指導しました(1946年、日本電気玉川事業所にて)。これをきっかけにして、大学の先生方と企業関係者が協力し合って、統計的な品質管理を発展させ、さらに、デミング博士やジュラン博士の教えを参考にしながら日本独自の品質管理(TQM)を成長させました。

　製造現場では、「品質は工程でつくり込め」のスローガンのもとで、工程管理の道具(手法)の導入・活用が進みました。また、同時に、働く人の意欲向上をねらいとしたQCサークル活動(1962年)や創意くふう

提案制度(トヨタ自動車工業、精工舎など、1951年)が誕生しました。

その結果、ほとんどの製品で、できばえの品質が目覚ましく向上し、いつの間にかメイド・イン・ジャパンは安心・安定品質の代名詞に変身しました。

■ 1970年頃のメイド・イン・ジャパン

1965年～1975年頃に語られたエピソードをいくつか紹介します。

① スイスの時計工場で働くお嬢さんたちが、「セイコーやシチズンなど日本製の時計がほしい」とつぶやきました。

② ドイツのカメラ屋のショーウィンドウでは、日本製のカメラが目立つ位置に並んでおり、ドイツ製は2段目以下に並んでいました。

③ ニューヨークの街角で歌ったり踊ったりしている若者たち、鳴らしているカセットデッキはすべてソニーやパナソニックなどの日本製でした。

1.2　1965年～1975年頃の要求品質

高度成長期と呼ばれたこの時期は、機能・性能の向上、つまり、開発段階で決まる品質の要求が高まりました。できばえの品質が安定しているのは当たり前のことと考えられるようになったのです。そのような中で、特筆すべき点は、製造物責任(PS：Product Safety、当時はPL：Product Liability)に対する関心の高まりです。安全に関するトラブルによって当該製品が市場から追放されたり、莫大な賠償金で企業存続を危ぶませたりしました。自動車を例にとると、世界規模で道路運送車両法の規制が強化されたり、リコール制度(1969年)で消費者保護が強化

されたりしました。世界の各地域でも PL 関連の法整備が進み、安全に
対する保証の要求が高まった時期でした（アメリカでは 1872 年に消費者
製品安全法、日本では 1968 年に消費者保護基本法・1973 年に消費生活
用製品安全法が制定されました）。

■ PL 問題の例

　この頃に話題となった、PL に関する裁判例をいくつか紹介しま
す。

① 　コーラの瓶を冷蔵庫に入れようとしたところ、手に持って
いた瓶が（瓶の口にキズがあったため）突然爆発して重傷を
負った：1944 年、アメリカ
② 　自動車の安全ベルト取り付け金具（後部座席用）に顔面を打
ち付けて負傷した（金具がむき出しになっていた）：1970 年、
日本
③ 　高速道路で車線変更した際にキャブレター不具合のために
エンジンが停止し、後続車に追突された：1971 年、アメリ
カ

　安全の特性（自動車で喩えると、車両火災やブレーキが効かないなど）
に関するトラブルは市場で絶対に発生させてはいけません。また、使わ
れる地域の規制違反も許されません。このことは商品として市場に提供
するための前提条件です。絶対的なゼロ保証が必要です。ほとんどの企
業で、製品や工程に対して、フールプルーフ（Fool Proof：不良がつく
れない、万が一不良が起こってもすぐに発見できる）対応や、フェイル
セーフ（Fail Safe：故障が起こった場合、安全側にダウンする方式）の対
応が図られました。

　PL 問題は、数年使用した後も対象となるので、製品設計・設備など

で根本的な配慮をして不良ゼロを実現させる活動が重点となりがちですが、PL問題の例に示したように、製造工程のばらつき、勘違いなどで起こる安全に関するトラブルもPL対象になるので注意が必要です。

当時、某自動車メーカーでは、トップ主導でPL問題の対応に対して、「実績が不明な新技術を製品に適用するべからず」、「開発段階で安全にかかわる問題が解決されていない場合は品質担当役員が開発活動の停止を命ずる権限を有す」などをルール化し、製品設計・生産技術部門は保安工程(安全にかかわる品質特性を扱う工程)に対するFP実施率100%を目標にして展開しました。

市場の関心もこれにつれて変化し、一般特性についての要求レベルも一段と高まりました。従来は%保証レベル(100分の1)を目指していたのが、この時期にはppm(パーツ・パー・ミリオン:100万分の1)やppb(パーツ・パー・ビリオン:10億分の1)のレベルに変わってきたのです。

原子力などの特殊な分野を除いて、すべての特性に対して完全なゼロを求めると、手段が限られて工程は成り立たなくなることもあり得ます。「絶対ゼロを保証するには製品をつくらないことだ」といったジョークが語られたのもこの時期でした。

1.3　1975年～2000年頃の要求品質

1973年に発生した第1次オイルショックが産業界に多大な影響をもたらしたことはよく知られていますが、同時に、顧客が商品に期待する姿勢も大きく変化しました。

日本の市場を例にとると、かつては、購入動機のトップが「他人と同じものを持ちたい」(流行に従う)だったのが、「自分がいいなと思うものを選んで購入する」(個性を尊重する)に変化しました(現在では当たり前

のことですが）。提供する側（生産者）は、多様な好みに対応できる品揃えをしておかないと市場競走に勝てません。

　また、グローバルという言葉が流行したのもこの頃でした。市場を世界に求める機運が急速に高まったのです。「良い品は世界を駆ける」とばかりに多くの製品で世界進出が加速しました。対象市場が拡大すると地域によって使われ方が違うし、要求する内容も異なります。

　個性を主張する世界中の顧客に喜ばれる商品の提供を目指して、多くの製品で仕様が圧倒的に増加しました。自動車などは大量生産の代表のように見られていたのですが、生産工程は多品種混合生産型（実質的には中少量生産）に変化していきました。工程設計では専用設備から汎用設備への移行、いわゆる、FMS（Flexible Manufacturing System）が重視されました。

　多品種混合生産型の工程で、しかも汎用設備が多くなると、傾向として作業の中にやりにくさ要素が増えてきます。やりにくい作業が増えるにつれて、工程能力問題とともにうっかりミスの危険性が増えてきています。

■自動車の仕様数増加の例

　トヨタ車体で生産していたワンボックスカー「ライトエース」の例です。

　1970年代後半の仕様数は170種程度でしたが、1980年代では330種ほどに増えました（仕様・塗色など）。ドイツの顧客はアウトバーンを高速で走るので、NVH（Noise・Vibration・Harshness）などの居住性に対して高い関心をもちましたが、アフリカの顧客からは丈夫に走ること、特にルーフサイドの強度向上の要望がありました（屋根上に荷物を載せて悪路を走行するため）。世界中のすべての要求を充たした製品をつくることは、技術的には可能かもしれませ

んが、コストが上がってしまいます。世界中の顧客を対象とするに
は、当地の使われ方や習慣に合致した製品の提供が必須なので型
式・仕様が増えてきます。

1.4　2000年以降の要求品質

　専門家の見地では特にリーマンショック以降（2008年）といわれてい
ますが、良い製品の定義が、「顧客の満足」から「顧客の感動」に変化
してきました。今や、「モノづくり」から「コトづくり」へと話題が変
わってきています。

　つまり、良い品質の定義が、「顧客の生活を豊かにするためのシステ
ム」に変わり、従来からの工業製品はシステムを支える一つのツールと
しての役割ととらえられるようになっています。例えば、「住居システ
ム」、「物流システム」、「省エネシステム」、「移動システム」、「大店舗買
い物システム」などといった要素が商品企画には欠かせません。システ
ムを提供するためにはソフトウェアの役割が一層高まり、生産者の側で
も、ソフトウェアを中心に考えて、メカ・エレキなど従来の工業製品に
対してムリ・難題を課すことが起こります。しかし、1個の製造不良が
システム全体に悪影響して大問題になってしまうことは避けねばなりま
せん。

　以上でわかるとおり、製造品質に対して作業しにくい要素が増える中
で、工程能力の向上（確率的に起こる不良）だけではなく、工程能力以外
の原因で起きる1個の不良への対応も必要になってきているのです。

　第2章以降では、最初に工程で起きる不良を発生パターンで分類し、
パターンごとの対応の仕方を詳述します。製造の管理・監督者の皆さん
は精読してください。基本となる工程能力確保、工程管理の留意点など

については、**第4章**に示しましたので、管理者・技術者・製造管理スタッフ・品質保証担当者はぜひ目を通して、安心できる工程づくりを進めてください。

第 2 章

製造不良低減への
取組み

　第 1 章で、要求品質の変化につれて製造品質に対しても確率的な保証だけではなく、1 個の不良も許さない保証の活動が重要になってきたことを説明しました。第 2 章では、最初に問題解決行動の基本を確認します。そのうえで不良タイプ別問題解決の目のつけ所を眺めることにします。

2.1　問題解決活動

　工程で不良が発生した場合は原因を突き止めて解決させなければなりません。このとき、やみくもに行動するのではなく、確実で効率的な取組みが必要です。ここでは、問題解決の基本的な取組み姿勢について整理します。

2.1.1　「はたらく」とは

　製造現場で働く人たちは、いつでも、良い仕事をしたいと頑張っています。「昨日は不良がゼロだったよ」と言われて気分が悪いはずはありません。作業者は、「不良を作りたくない」、「ミスを起こしたくない」と努力しています。筆者はいくつかの国で製造現場の人たちと交流しましたが、世界中で例外はありません。

　しかし、作業者が必死に頑張っていても、残念なことに、不良は起こってしまいます。管理・監督者の方々、「なぜミスを起こしたのだ！」的に原因を“人”のせいにして、「ミスをしないように、注意して作業することを指導した」、「ダブルチェックを追加した」で一件落着、といった問題解決をしてきてはいなかったでしょうか。作業者は、いつも注意して作業しているので、より一層注意せよといわれても困ります。こうした対策に効果は期待できません。

　ここで、「はたらく」という言葉を考えてみます。かつて、藤田薫氏（1966 年デミング賞）が生産部門の幹部教育で、「はたらく」の意味をしっかりと考えるよう、下記のように説きました。

　　①　後工程（お客様）に対して、㋩やく（タイミングよく：納期）、㋭だしいもの（品質）を届けなさい。これが続くと、後工程（お客様）は安心して受け取ることができます（後工程はお客様）。

　　　　後工程から「Ａさんがやった仕事だったら見なくても安心だ」

と言われることこそが、信頼(ブランド)なのです。ところが、自分の行動に無理があっては続けられません。①の状態を続けるためには、良い結果を、

②　(らく)にできる(効率的：生産性)ようにしておかねばなりません。加えて、作業を(た)のしくできる(活性：モラール)環境が必要です。

　それぞれの頭文字をとったのが、「はたらく」、つまり、「良い品質をタイミングよく後工程に提供しなさい。そのためには自分の作業が、楽しく・ムリなくできることが必要です」という考え方です(表2.1)。

　作業の注意ポイントを増やしたり、ダブルチェックを追加するような対策は、作業者にとって「らく」にはならずに、かえって「く(苦)」になってしまいます。終日緊張の連続では身が保ちません。こうした対策ではとても効果は期待できません。

　ムリのない作業で安定した良い結果を実現し続けられる工程づくりを目指すことが必要です。筆者は特に、「らく」、つまり、ムリなく作業ができる職場が品質安定の鍵だと感じています。

　「はたらく」には良い結果が含まれています。以下のような例はぜひとも避けなければなりません。

表2.1　「はたらく」

	次の仕事を担当する人達のために	自分達のために
は	早く (欲しいときに)	
た	正しく	楽しく (前向きに)
らく		らくに (効率的に)

■避けたい例1：「なぐさめあう」ことで一件落着としない

　不具合が発生したときに、「たまにはこんなこともあるさ、人間だもの。みんな一所懸命に頑張ったのだから。こんなに汗をかいて頑張ったのだから。次の回によく注意しよう！」と肩をたたき合うのは美談には見えますが、これでは何の効果も期待できません。よい結果に結びつかないと、ムダな汗になってしまいます。汗の量はよい仕事の証明にはなりません。同じ結果だったら汗の量は少ないほうがよいに決まっています。少ない汗で良い結果を確保する手立てを考えることが必要です。「従来よりも早くできるようになった」、「正しい組付け作業ができるようになった」、「関係者の誰がやっても同じ結果を出すことができるようになった」など、具体的な「らく」を実現することが大切です。

■避けたい例2：作業注意の対策ばかりでは逆効果になってしまいます

　先にも述べたとおり、ポカミス的な不良発生の時によく見かけることですが、原因がよくわからないために、「作業注意」、「ダブルチェック」を対策としてしまいがちです。これでは工程でミスが起きるたびに注意する項目が増えていくことになります。終日緊張の中で作業を続けなければなりません。注意事項が多くなればなるほど、なにかの拍子にどこか見落としが起こりやすくなってしまいます。「こんなことを注意しなければならない作業は大変だね。注意しなくても（普通に作業していたら）できるように工夫しよう」、つまり、注意事項を減らすことが安定した工程づくりの鍵なのです。

2.1.2　QC 的問題解決法

　不幸にして不良が発生したときには、原因をつかんで早く対策しなければなりません。放置しておくと、いずれ同じ問題が発生する可能性があるので当然のことです。

　問題を解決する手順をおさらいしておきましょう。問題解決の活動は事件解決を担当する刑事と同じです。先に紹介した藤田氏は、セミナーで名刑事に例えて問題解決の手順・注意点を話しました。藤田氏は銭形平次親分と刑事コロンボを名刑事として二人の行動パターンの違いを説明しました。二人ともかなり昔の作品なので、知らない読者は古畑任三郎、信濃のコロンボや、『相棒』の杉下右京をイメージしていただければと思います。

（1）　銭形平次親分と刑事コロンボの違い

　2 人の刑事の共通点は必ず事件を解決する名手ですが、解決までの行動に違いがあるのです。

　銭形平次親分は、事件の現場をちらっと観察するだけで犯人が特定できます。つまり、彼は超能力をもっているのです。ムダなく犯人のところへ張り込みをかけて動かぬ証拠とばかりに銭を飛ばします。事件の解決も早いし、ミエを切ることもできるので見る人には格好良い行動です（ちらっと観察→すぐ行動）。

　ところが、刑事コロンボは豊富な経験をもってはいますが超能力はもっていないので、下記の「カキクケコ」を忠実にこなします。

　　　カ：現場を細かく観察してなにか気になるものを見つけ出す（㋕んさつ）

　　　キ：見つけた事実を忘れないようにメモしておく（㋖ろく）

　　　ク：気になった事実の調査結果をいくつか組み合わせると、事件の全貌ストーリーが見えてくるので、このストーリーの主役を演

じることができる可能性がある容疑者を絞り込む(容疑者の洗い出し)(㋐ふう)

ケ:容疑者のアリバイをチェックする(犯人の特定)(㋔んとう)

コ:準備をして犯人逮捕に向かう(㋙うどう)

　超能力をもち合わせていない私たちには、格好のよい銭形平次親分のやり方は真似ることはできても、親分になり切ることはできません。失敗すると振り出しに戻ることになってしまい、事件解決が遠のいてしまいます。刑事コロンボ流は経験さえあれば同じ行動は可能です。銭形平次親分のやり方に比べると地道な調査に多くの時間を割くので解決までに時間がかかりますが、振り出しに戻るリスクがないので「急がば回れ」が成り立ちます。刑事コロンボは超能力の代わりに事実の確認を大切にしています。超能力を持ち合わせていない一般人には、刑事コロンボ流が確実な事件解決(よい結果)のための最適法というわけです。

(2)　QC的問題解決法

　刑事コロンボ流を問題解決の場に置き換えると、

　　カ・キ:現状把握(結果として起きている実態のクセを発見)

　　ク　　:要因分析

　　ケ　　:原因の追究

　　コ　　:対策の実施

となります。ごく自然な手順ですが、この手順を習慣づけると問題解決のレベルが上がります。「カキクケコ」の手順が、品質管理でいうQC的問題解決法(QCストーリー)なのです。**表2.2**にQCストーリーの基本形を示します。中でも現状把握(事実の確認)のステップが問題解決の鍵を握っています。多くの専門家は、現状把握(結果として起こっていることの特徴をつかむこと)が問題解決の成功に80%寄与していると説明しています。事実を確認することが問題解決の鍵であることを認識し

第2章 製造不良低減への取組み

表 2.2 QC ストーリー

基本ステップ	実施事項	基本ステップ	実施事項
1. テーマの選定	1) 問題点をつかむ あるべき姿に対する現状の悪さ加減を明確にする 2) データを決める 現在抱えている問題点をどうしたいのかを表す	6. 対策の実施	1) 実施方法を検討する 2) 対策を実施する
2. 現状の把握と目標の設定	1) 現状を"三現主義"に基づき把握する 事実を集める 攻撃対象[特性値]を決める←改善を評価する"ものさし" 2) 目標を設定する 目標と達成期限を決める	7. 効果の確認	1) 実施した対策の効果を確認する 2) 目標値と達成期限について評価する 3) 成果をつかむ 有形成果：目標に対する結果 無形成果：活動を通じて個人のレベルアップ度を自己評価
3. 活動計画の作成	1) 実施事項を決める 2) 日程・役割分担・予算を決める	8. 歯止め	1) 標準化を行う 2) 管理の定着 標準を制定・改定する、管理の方針を決める 関係者に周知徹底する、担当者を教育する 維持されていることをデータで確認する
4. 要因の解析	1) 特性値の現状を"三現主義"に基づき調べる 2) 特性値に影響を与えると考えられる要因をあげる 3) 特性値と要因との因果関係について仮説を立てる 4) 仮説をデータに基づいて検証する 5) 原因をつきとめる	9. 反省と今後の計画	1) 活動過程を反省し、未解決・不備な点を明確にする 2) 反省で得られた教訓にその活用方法を決める 3) 今後の対応方法を決める
5. 対策の立案	1) 対策のアイデアを出す 2) 対策の具体化を検討する 3) 最も効果的に原因を排除できる対策内容を確認する		

てください。

■銭形平次親分の偽物

　国の内外を問わず、銭形平次親分のやり方を得意とする人が多く、何か不都合があるとすぐに理由を答えるケースをよく見かけます。それが正解だった場合、「私の言ったとおりでしょう」とミエが切れるし、問題解決も早いのでいかにも格好良く見えます。経験が豊富なので大抵の場合は正解かもしれませんが、現在現場に残っている問題の多くは、これまでに「銭形流」で対応してきたけれども解決できなかったものが多い、と考えてみてはいかがでしょうか。

　明らかにポカミスと思われる不良が発生したときに、監督者は、「新人が入ったから」とか「作業者がよそ事を考えていた」などと即答してしまうことがあります。原因はとっくにわかっていると言わんばかりの調子です。本当に「よそ事を考えていた」のが原因であれば、1個だけミスをすることが説明できるのでしょうか。ミスが起きたときだけよそ事を考えていたということはどうしてわかるのでしょうか。よくある対策として、「作業中は作業に集中するよう指導した」、再発防止として「ダブルチェックを追加した」となってしまいます。これでは効果が期待できそうもありません。

　多くの先輩方は、刑事コロンボになり切って「カキクケコ」で考え、品質問題の解決に努めてきました。その結果、問題発生のレベルは格段に向上したのです。

　ここで、「問題」とは、結果として起こっている好ましくない状態(事実)です(図2.1)。似た言葉に「課題」がありますが、これは、乗り越えなければならない壁を指しています。

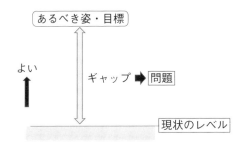

図2.1　問題とは

2.2　製造不良の発生パターン

　要求の多様化につれて、工程品質(できばえ)に要求される内容も高度化・複雑化してきています。

　同じ生産工程でも、機種ごとにどこかが違う仕様の製品が流れてくるので、作業標準には急所とすべきポイント、注意事項などが多く示され、作業者にとっては終日緊張の連続となってしまいます。ppm やppb レベルの品質保証に対して、工程能力だけでは保証しきれない課題(かん違い、忘れなど)のリスクがどんどん増加しました。

2.2.1　製造品質の課題

　製造品質は、以下の要素でつくり込まれます。

　① 　標準作業の順守

　② 　工程異常の検知と迅速で適切な処置

　つまり、SDCA(Standardize-Do-Check-Act)を基本とした活動でつくり込まれています(第4章で詳述します)。これが不十分であれば工程は乱れ、慢性的に不良をつくってしまいます。この種の問題にはQC 的問題解決(刑事コロンボ流)で対応しなければなりません。

　しかし、要求品質レベルが高まるにつれて、上記の基本のみでは保証

しきれない問題に対しても配慮する必要が生じてきているのです。つまり、

　③　工程のわずかな変化に対する気づき

　④　従来ポカミスという呼び方で処理していた1個不良の予防

など、キメの細かい対応が求められるのです。場合によってはデータに現れない程度の変化が悪さをすることもあるのです。

　③・④に対しては、凶悪事件を解決する刑事コロンボのやり方は場合によっては、製造品質確保の活動が大げさになってしまうことがあります。軽度の問題に対しては、むしろ、団地自治会の防犯係が行う「火の用心の巡回」レベルの対応の方が有効なケースが多いのです。データに現れない程度の変化についても毎日従事している作業者の人は気がついています。その作業者の感性を磨き、活用することで不具合を未然に防ぐことができます。

2.2.2　製造不良のタイプ

　工程能力だけでは保証しきれない課題があることがわかりました。不良の発生要因はタイプによって異なります。つまり、過去に学んで身につけた工程能力的な解析のみでは解決できない問題への対応も必要となっています。この問題に効果的に対応する方法として、筆者は不良の出方を下記の4つのタイプに大別して不良低減活動を行うことを提案しています。

　製造不良は発生のタイプによって4つに大別できます（**図2.2**）。

　①　慢性型：毎日同じ割合で発生している（発生割合が安定している）、日を追って不良の出方が悪化している（傾向的な劣化）

　②　散発型：日によって不良の出方が異なっている（好不調の波がある）

　③　突発型：ある日だけ突然不良が多発した

①慢性型：安定的に発生
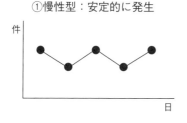

②散発型：日によって不安定
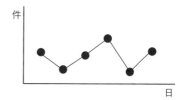

③突発型：ある日だけ突然多発
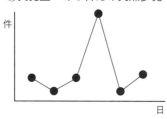

④単発型：稀に発生（ユウレイ型）
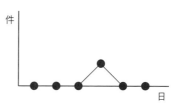

図2.2　不良発生のタイプ

④　単発型：ポツンと不良が発生した（別称：ユウレイ型）

2.2.3　不良のタイプ別発生要因

　工程要因の変化内容によって不良の出方は異なります。逆にいえば、不良発生のタイプによって要因解析の着眼点を変える必要があるのです。図2.2の不良発生タイプで考えてみます。ここで論じているのは、統計理論ではなく、問題解決に当たって着眼点を早く見つけ出すための方法を示しています。

（1）　品質保証のしくみ

　生産工程での品質保証のしくみを説明します。

　各工程には不良に影響する多くの要因が存在します。影響の大きい要因は確実に抑えなければなりません（作業標準で急所の指定など）。その他の要因は、普通に作業すれば、全体でも不良につながるほどのばらつ

第2章　製造不良低減への取組み

き量はない（これを許されるばらつきといいます）ので、作業者には普通に作業をしてくれるよう指示して、異常が発生した場合にだけ早く発見して処置をすれば不良を未然に防ぐことができます。異常を効率よく発見するための関所の役割を果たすのがQC工程表です。

① 影響の強い要因は個々について工程の調節（始業前の条件調整、定期整備など）、作業中の標準順守（作業の急所）を徹底する（個別要因の乱れ予防）

② 一般要因は異常が発生したときにタイミングよく検知して迅速に処置する（QC工程表）（異常の発見と処置）

上記を通じてすべての要因を効果的に抑えて不良の発生を防いでいます。

(2) 不良のタイプ別着眼点

図2.2の例で不良発生要因を考えます。

1) 慢性型

図2.2の①を見ると、日による大きな変化がなく、毎日ほぼ同じ割合で不良が発生しています。このことは、毎日同じようにばらついている特定要因があることを意味しています。つまり、一般要因の中に注目しないといけない要因が紛れ込んでいる可能性が高いと考えます。無視してはいけない要因が漏れているか、指定されていても抑え方が不適切である可能性が強いのです。

2) 散発型

図2.2の②を見ると、慢性型に比べて、不良の出方が日によって違う、つまり日によって好不調の波があります。この場合は、一般要因の中にその日だけいつも以上に乱れた要因がある可能性が強いと考えられます。日によって変化する要因を見つけることが必要です。

3) **突発型**

　図2.2の③を見ると、普段は安定しており、ある日だけ突然に何かが起こっています。つまり、事故が起きたと考えられます。事故が起こったときには作業者が気がつくはずなので、すぐに現場へ直行して現象を確認し、処置をしなければなりません。

4) **単発型**

　図2.2の④を見ると、ポツリと不良が発生しています。いつもは良い状態ですから定まった悪さの要因があるとは考えられません。たまたまそのときに1個だけなにかがあったと考えられます。従来、ポカミスとして処理していた問題などがこのタイプです。定まった要因がないのですから、「なぜなぜ」と原因を追究することは困難です。

2.2.4 発生タイプ別問題解決法

(1) 問題解決に取り組む準備

　問題解決の第一歩は不良発生の特徴を知る、つまり、現状把握であることは繰り返し述べてきました。生産工程は環境条件が絶えず変化しています。環境条件の変化によって不良の出方も変化します。生産工程における不良解析は、時系列での変化の傾向を知ることから始まります。

1) 変化を見る(推移グラフを活用する)

　製造現場の環境は時々刻々と変化しています。作業標準を守っていつも同じ作業をしているつもりでも、知らないうちに「なにか」が変化しているかもしれませんし、その変化が作業者に対して標準を守り切れないやりにくさをもたらしているかもしれません。

　製造現場での問題解決の第一歩は、不良の発生傾向を察知することなのです。そのためには、不良の発生のしかたの変化を時系列で見る必要があります。時系列の変化を見るツールが推移グラフです。

　製造の推移グラフは長くても日単位で見てください。週や月で見て

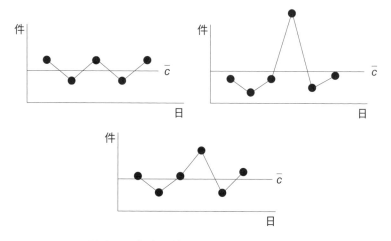

図2.3 傾向は違うのに平均値は同じ

いては変化が読めません。**図2.3**の推移グラフで例を示すと、日々の不良発生傾向は明らかに異なっています。しかし、1週間を平均値で見てしまうと全部同じになってしまうのです($\bar{c}$)。このように発生の要因はそれぞれ異なるはずですが、平均してしまうと気づけなくなり、その結果、解析を誤ってしまうと対策にたどり着くまでに多大なムダが生じてしまいます。

■よく見かけるグラフ、何に使うのでしょうか

　ある会社で現場を見たときのことです。現場の掲示板に月別のクレーム発生件数と金額のグラフが大きく掲示されています。「掲示の目的は？」と管理者に尋ねたところ、「作業者の品質意識を高めることです」と答えが返ってきました。一見もっともらしく感じるかもしれませんが、本当に品質意識は高まるのでしょうか。筆者は、「クレームの推移グラフは横軸を生産月で書いてください。これと対比できるように、日々の製造不良推移グラフを並べておくと

いいですよ」とアドバイスしました。作業者にとってはクレームの
発生よりも毎日の工程不良推移のほうが身近に感じられます。

2)　見やすい推移グラフの書き方

　推移グラフは、時系列の変化、つまり、日々の変化を傾向で把握する
のがねらいです。読みやすいグラフを書いてください。
　図2.4に同じ推移グラフを2通り示しました。傾向を見るには右のグ
ラフの方が見やすいことがわかります。筆者は、A4サイズ以上のグラ
フでは直径2ミリ以上の点を打つようにお願いしています

■打点を大きくするには結構度胸がいるようです

　多くの会社で体験したことですが、グラフの点を2ミリ以上に、
とお願いしてもかなり抵抗があるようです。大きくすると正確でな
くなるとか、見栄えが悪いとかいろんな声が聞かれます。このグラ
フの目的は正確さよりも傾向・変化を見ることですから点を大きく
したほうが見やすいでしょう、と説明しても、1ミリ程度の点を打
つのが精いっぱい。「割りきってください」と説得しましたが、慣
れるまでに結構時間を要しました。最近は、パソコンでグラフを作
成しているケースが多いようですが、傾向が見やすいアウトプット

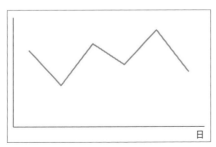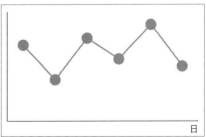

図2.4　推移グラフの書き方比較

を心掛けてください。

3)　お宝発見グラフを活用する

　不具合対策のための推移グラフは、不良件数を打点します。日ごとの生産数量が異なる場合などは、ついつい、不良率や欠点率（製品 1 個にいくつかの欠点がある場合の不良個数）で打点するほうが正しいように考えてしまいます。しかし、この考え方は「不良はある確率で発生する」が前提で、例えば、100 個生産で 1 個不良ならば 1000 個だと 10 個の不良が発生するという考え方です。しかし、不良の発生パターン（図 2.4）で示したとおり、現場で発生している不良には工程能力以外の原因で発生する不良もあります。むしろ、高いレベルで安定している現場では、偶然で起きる不具合のほうが割合としては多くなっています。偶然で起きる不良では「生産量 100 個に 1 個の不良ならば 1,000 個に 10 個」という規則性は成り立ちません。生産量が 1,000 個でも不良は 1 個かもしれません。

　表 2.3 の簡単な例で眺めてみます。不良率で見ると、X 日よりも Y 日の方がよいのですが、不良個数で見ると Y 日のほうが多く発生しています。解析の立場で考えてみると、Y 日のほうが不良品の観察チャンスが多いのです。現場で活用する推移グラフは解析のチャンスを逃さないように不良件数そのままを打点することをお勧めします。

　この例でもわかるように、不良個数の推移グラフは長いスパンで工程の安定状態を見るためには適していない面があります。管理者は長い眼

表 2.3　不良個数と不良率

生産日	生産量	不良数	不良率
X 日	1000 個	4 個	0.40％
Y 日	2000 個	6 個	0.30％

で工程の安定状況を眺めますので、不良率(統計の表示では p)や単位当たり欠点数(c, u)の推移を見てください。現場では不良解析のチャンスを逃さないように個数そのものにこだわります。筆者は、「不良推移グラフ」と呼ばずに、「お宝発見グラフ」と呼んで、工程に潜んでいるムリ作業要素や、なにかの変化(問題解決のためのお宝)を発見するチャンスとして大切にしています。

4) 問題解決活動は柔軟に対応する

従来の問題解決活動は、いつでも悪影響を引き起こす原因を見つけて対策すること、つまり、無視してはいけないばらつき要因を取り除くことでした。多くのテキストや文献でも、「根本原因を把握し、対策し、再発防止を図らねばならない」と教えています。

ただ、繰り返しになりますが、現在の製造不良は必ずしも根本原因で起きるものばかりではありません。そのときだけなにかが起こって苦戦することも多々あります。いきなり「なぜなぜ」と追究しても原因にたどり着けないような問題も少なくありません。代表的な例がポカミスです。ポカミスが起こったときに最も不思議に感じているのは作業者自身です。原因がつかみきれないので、結局、原因を人だと決めつけて、「作業中は集中するよう指導した」、「ダブルチェックを追加した」など、作業者の負担を増やす対策をしてしまいがちです。

いうまでもなく、根本原因を追究して解決を図るやり方(QC ストーリー)が基本であることは間違いないのですが、不良内容によっては、いきなり根本的な対策をするのではなく、様子を観察してから考えることも必要です。

(2) 工程で起きる変更・変化の内容

作業現場では時々刻々と環境が変化しています。表2.4 ～ 表2.9に工程で起きる変化の例を示しました(※ヤマハ発動機㈱ 渡邊博允氏提

表2.4　材料が変わった

設計変更・納入品・加工中の変化・変更を考える。

a.　材料自体を変えた	
1	原材料を変えた	○
2	材料の製法を変えた	○
3	材料を変えた	○
4	納入メーカーを変えた	○
5	副資材・副材料を変えた 　　切削油、防錆油、潤滑油、塗料、溶剤、 　　離型剤、添加剤、配合剤、グリスなど	○
6	相当品に変えた	○
7	グレードを変えた	○
b.　材料の状態が変わった	
1	切粉の出方が変わった	◇
2	仕上がりの外観が変わった（光沢、見栄えなど）	◇
3	材料の外観が変わった（色調、異物など）	◇
4	切れ味が変わった（バイト、砥石研磨、切断機）	◇
5	製造ロットが変わった	○
6	（揮発、劣化、経時変化など）性状が変わった	◇
7	梱包・包装・容器に変形、破れが発生した	◇
8	接着バリの量が変化した	◇
9	長期ストック品が流動した	○
10	収納容器が変わった	○
11	ロットサイズが変わった	○
12	異ロットが混流した	◇
13	段取り調整用の材料が流動した	◇

供）。

　これらの表は1990年代にヤマハ発動機㈱に部品を納入するサプライ
ヤー数社の品質保証課長が勉強会でワイワイガヤガヤと議論して整理し
たものです。メンバーは、精密機械加工・樹脂成型・板金・ゴム加工・
部品塗装など異業種の方々です。工程の変更・変化といっても内容が

表 2.5 機械・設備・装置が変わった

a. 機械などを変えた	
1	新機械などを設置した	○
2	現在使用中の機械などを変えた ・改造した ・更新した ・補修した ・調整した ・安全装置など一部機能を追加した ・一部を削除した	○
3	同種機械で使用号機を変えた	○
4	作業タクトを変えた	○
5	自動化のレベルを変えた（手動・自動など）	○
6	設置場所を移動させた	○
7	仮(暫定)機械を使った	○
8	建屋(壁・床など)を修理した	○
b. 機械などの状態が変わった	
1	機械などが故障した(修理後再起動)	◇
2	機械が非常停止した(再起動)	◇
3	停電停止した(電源回復後再始動)	◇
4	機械などの調子が変わった	◇
5	運転中に音・臭い・振動・温度などが変化した	◇
6	水圧・油圧・空圧・電圧などが変化した	◇
7	水漏れ・油漏れ・エアー洩れが起こった	◇
8	異常摩耗、精度低下が起こった	◇
9	長期間休止後再稼働した	○
10	点検・整備・清掃を行った	○
11	加工材料の質が変わっていた	○
12	機械などが老朽化した	○
13	誤操作をした	○

第2章 製造不良低減への取組み

表 2.6　作業方法・条件が変化した

a.　作業方法・条件を変えた	
1	標準作業を変えた	○
2	検査方法を変えた	○
3	加工条件を変えた	○
4	NC プログラムを変えた	○
5	搬送・物流方法を変えた	○
6	荷姿・梱包仕様を変えた	○
7	作業シフトを変えた	○
8	作業順序を変えた	○
9	部品の置き方を変えた	○
10	測定箇所を変えた	○
11	保護具を変えた	○
12	作業服・作業靴を変えた	○
13	作業台を変えた	○
14	作業台のレイアウトを変えた	○
15	作業者の作業範囲を変えた（拡大／縮小）	○
16	確認の頻度を変えた	○
18	作業時間帯を変えた	○
19	稼働時間を変えた	○
20	管理項目を変えた	○
21	作業場所・作業スペースを変えた	○
22	ストック品を使用することにした	○
23	端数品を使用することにした	○
24	材料の保管方法・保管条件を変えた	○
b.　方法・条件が変わった	
1	作業が中断した（離席など）	◇
2	作業中に加工条件が変わった（型温上昇など）	◇
3	カウンター数と現物数が合っていなかった	◇
4	部品の置き方が変わった	◇
5	梱包方法が変わった	◇
6	運送方法・搬送ルートが変わった	◇
7	掃除の仕方が変わった	◇
8	段取り替えをした	○

表 2.7　人が変わった

a.　人を変えた	
1	新入社員・新人に変えた	○
2	作業者の配置を変えた	○
3	応援者に変えた	○
4	実習生・研修生に変えた	○
5	従来経験者(ベテラン)に変えた	○
6	外国人作業者に変えた	○
7	男／女を変えた	○
8	体格の違う人に変えた	○
9	認定作業者を変えた	○
b.　人の心身状態が変化した	
1	体調が悪くなった	◇
2	決めごとが守れなくなった	◇
3	ケガ・事故が発生した	◇
4	作業範囲が変わった(拡大・短縮)	○
5	精神不安定になった(悩み・ストレス)	◇
6	休日前後日(長期休暇・土日休暇)	○
7	長時間労働	○
8	勤務体制が変わった	○
9	(残業時間など)欠員補充で応援者が入った	○
10	管理項目が変わった(増加・変更)	○
11	上司が変わった	○
12	教育内容が変わった	○
13	チョコ停が多発した	◇
14	段取り替えをした	○
15	点検・修理などで外部の人が入った	○
16	生産がタイトで作業に追いまくられた	○
17	作業中に話しかけられた	○

第2章　製造不良低減への取組み

表 2.8 管理内容が変わった

a. 情報内容・伝達手段を変えた		
1	帳票類を変えた	○
2	伝達手段を変えた（マニュアル・書類・PC）	○
3	書類から口頭指示に変えた	○
4	アイマイ指示で済ませた（記載内容の具体性）	○
b. 仕事のできばえが変わった（異常が発生した）		
1	管理限界から外れた	◇
2	不具合（不良）品が発生した	◇
3	製品数と同じ数を供給した部品が残った	◇
4	部品を床に落とした	◇
5	管理図に異常の傾向が出てきた	◇
6	計測器に異常が発生した	◇
7	突発不良が発生した	◇
8	チョコ停が多発した	◇
9	搬送時に異常が発生した（急ブレーキ、事故など）	◇
c．生産計画・生産指示が変わった		
1	急な生産変更・割り込みが発生した	○
2	類似した製品を同時生産した	○
3	生産スケジュールが変わった	○

しっくりこないので、「自社ではどんな変化があるか」を、材料・機械・作業方法・人・管理方法・環境ごとにブレーンストーミング的に出し合いました。QC 教育で変更の管理の重要性を学び、ISO 9000 シリーズに対応した自社の「変更の管理ルール」を作成した人達ですが、出し合ってみると、チェックリストや標準書ではカバーしきれない項目がたくさんあることに気が付きました。現場の作業者はこんな変化の中で作業していることに改めて驚きを感じ、「変化に左右されない工程、気遣い作業が少ない工程」づくりに取り組むきっかけになりました。ほんの些細なことと思われる変更・変化でも、作業者にとっては気になる（ペース

表 2.9　作業環境が変わった

a.　環境を制御する機械・設備・装置を変えた	
1　職場の照度を変えた	○
2　建屋を変えた	○
3　排気設備を変えた	○
4　空調設備を変えた	○
b.　環境の状態が変わった	
1　冷暖房設備が故障した	◇
2　照明器具が故障した(照度が変わった)	◇
3　排気・集塵能力が変わった(クリーン度が変化)	◇
4　風速・風量・風向が変わった(扇風機 ON/OFF など)	○
5　温度・湿度が変わった(冷暖房機の ON/OFF など)	○
c.　自然環境が変わった	
1　(異常気象などで)風速・気圧・雨の強さが変わった	◇
2　(季節・気圧変化に伴って)温度・湿度が変わった	◇
3　(時刻・季節・気象変化で)自然照度が変わった	◇

が狂う)ことがあることを知っていただくために、これらの表では当時整理された項目をそのまま提示しました。読者の方々の企業で扱う製品では他にもあるかもしれません。

　こうした変化が場合によっては作業をやり難くし、ミスを誘引します。作業者は不良をつくりたくないのでこれらの変化を敏感に感じ、ミスにならないよう注意しています。彼らの変化に対する感性は問題解決の貴重な情報です。

　なお、本来は1つの表なのですが、ここでは内容の分類ごとに6つに分けて掲載しています。表中の○は作業開始前に変えている内容(変更)、◇は作業中に変化する内容を示しています。4M(材料・設備・方法・人)が変わった、管理方法、環境が変わった例を分類して示します。

　a.の変更はほとんどが変更の管理ルールで管理が可能ですが、b.にはルールなどの規定をつくっても抑えることが困難な事項が含まれていま

す。

表2.5のように、機械・設備などの変更・変化などが起因して起きる不具合の多くは連続して起きるパターンになるので初期点検で発見しやすいのですが、b.の変化などで軽微なものについては見過ごされる危険性を含んでいます。

表2.6のように、作業方法・条件の変更・変化が見落とされるケースが案外多いようです。変化・変更を認識してはいても、ついつい結果には影響しないと思い込んでしまうのでしょうか。ポカミスに対しては最も注意すべき変更・変化です。

表2.7のように、作業者が変更になるだけではなく、上司が変わっても精神的に不安定になり、雰囲気が変わることがあります。人の変化は工程にムリ作業が存在すると「オトシアナ」となってミスを誘発する恐れが高いのです。

表2.8のような管理内容の変化は作業者に精神的な面でのプレッシャーにつながる危険性が増えてしまいます。

表2.9のような作業環境の変化は、作業のリズムに影響を及ぼすことが考えられます。

表2.4〜2.9で示したように、工程は絶えず何かを変更したり、変化が起こったりしています。ISO 9000シリーズの認証を取得している会社では変更の管理をルール化して対応しています。しかし、ここまで示した変更・変化の中には日常茶飯事であるものもたくさんあり、すべてをルール化しようとすると仕事が煩雑になって結果的には守り切れなくなってしまいます。某社では**図2.5**のように変更・変化を区分して、それぞれの対応方法を決めています。

(3) 問題解決に対する考え方

場合によっては、いきなり再発防止(実刑)をする前に、しばらくは観

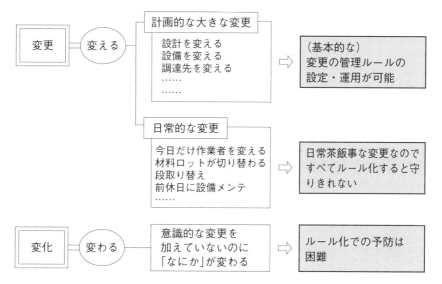

図2.5　変更・変化への対応

察する（執行猶予））ことも許される場合があります。稀にしか発生しない不良を再発防止するためにむやみに作業注意事項を増やすことは毎日の仕事を増やすことになり、正しい解決策とはいえません。同様に、特定時にのみ発生する不良に対して常時注意する対策は必要ありません。「不良発生の根源を絶つ」、「要因が変化しても不良につながらない対応を工夫する」、「要因の変化を作業開始前に察知して対応する」など、状況によって柔軟な対応を考えます。

　問題発生のクセによって原因追究の目のつけ所が異なります。いきなり「なぜなぜ」と追究しても良い結果が得られるとは限りません。発生している実態をよくつかみ、発生状況のタイプにこだわった解析を進めます。最初に交わす会話として、現場の不良の出方をタイプ別に、「なぜなぜ」、「なにか」、「どれどれ」、「どうしたら」の4つに分類して対応します。

2.3 不良の発生タイプ別対応法

　不良の発生タイプによって、不良原因はそれぞれ異なると考えられます。問題を解決するには、不良の発生タイプを読み取って、タイプにこだわった解析を進めることが効率的です。以下では、不良の発生タイプを4つに分けて、タイプ別の着眼点を解説します。

2.3.1 慢性型への対応：「なぜ、なぜ」

　図2.6のようなタイプを慢性型と呼びます。

　慢性型は生産日による不良の出方に傾向はなく、毎日ほぼ一定の割合で不良が発生しています。

　慢性型の原因としては、日によって変化する要因ではなく、いつも同じように影響する要因が存在していることが考えられます。

　摩耗や劣化のような、日が経つにつれて不良が増加する（漸増）ケースも、特定の要因が安定的に変化して悪さを起こしていると考えられるので、慢性型と同様の扱いをします。

　つまり、慢性型の不良発生原因は工程能力問題なのです。不良を低減させるためには、今以上に工程能力を上げる必要があります。そのためには、これまで一般要因として管理図などによる異常の検出を重点として取り扱ってきた要因の中に、ばらつきをさらに抑えるべき（注目すべき）要因が紛れ込んでいると考えます。これらの要因は異常を検出して

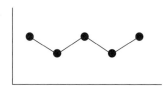

図 2.6　慢性型

から対応しては遅すぎるので、事前に予防しておかねばなりません（工程では作業開始前の条件設定、作業中の急所管理など）。

　事件解決に例えると、一般市民の中に紛れ込んで事件を起こしている容疑者を探し出して逮捕し、有罪判決を下す（つまり、標準化）ことが必要です。このように、事件解決を確実に行うのが、QC的問題解決法です。技術的に難解な問題については、設計・生産技術部門が中心となり論理的に原因追究する方法として用いるFTA（Fault Tree Analysis）などで解析します。QC的問題解決の事例はすでに事例発表会報文集などで紹介されていますので参考にしてください。

　慢性型に対しては、発生のクセを調査し、クセにこだわって、「なぜなぜ分析」を行います。

　工程で慢性型の不良が発生しているときに関係者が集まって議論しているのを見かけたときによく遭遇するのが、いきなり「なぜなぜ」と議論を始める光景です。そこでは、不良結果のデータを見ただけで原因について議論しています。慢性的に発生しているということは、「これまでの対応では抑えるべき要因が発見できていない」ということと同じです。確実に対策に結びつけるためには、発生のクセ（結果として起こっているまずさの特徴）を見つけなければなりません。作業現場では、

- 作業標準に急所として指示されるべき要因が漏れている
- 急所指定はされているが、指示内容があいまいである
- 作業訓練が十分になされていない作業者が従事している
- 1つの工程に急所が多くありすぎて全部を守るのが困難である

などが慢性型の着眼点となります。

■特性要因図を作成したら問題が解決した不思議

　問題解決で要因分析するときに有効な手法として、特性要因図があります。数多くのQC事例を見せていただく機会がありますが、

不思議に感じることがあります。「特性要因図を作成し、関係者で検討した結果、○○の要因が強いと思われたので、そこに対策した結果、問題が解決した」といったストーリーが多く見受けられます。「思われた」要因に手を打ったら解決した、では、特性要因図が役に立っているとはいえません。

特性要因図の正しい使い方は、以下のとおりです。

① 特性(問題)をできるだけ具体的に表現し、現状把握で発生の特徴をつかんだら、そこにこだわります。

　　例：ガラス瓶製造でキズ不良が多発している。キズには、「当てキズ、打痕、かきキズ、擦りキズ」などがあるが、現状調査の結果、「底部に擦りキズが多い」ことが判明した。

この場合は、「キズ」ではなく、「底部の擦りキズはなぜ起きるのか」を特性として特性要因図を作成します。

対象が絞れてくるに従って作業者の経験が生きてくるので、「なぜなぜ分析」の質が上がります。

② 要因は、体言止めにせずに悪さの状態で表現します。

　　例：「温度」ではなく、「温度が低すぎる」、「温度が高すぎる」、「温度が不安定」などが要因です。「温度」は着眼すべき要因を整理した表現でしかありません。FTA などではこのような表現をしますが、筆者はこれを、特性整理図と呼んでいます。悪さが具体的になれば、作業者の経験をベースにしたブレーンストーミングで、「温度がどうであると不良につながりやすいか」までを考えることができます。

③ 事実でつかんだ特長一つひとつについて、説明できそうな要因にチェックマークを入れて、重要要因の可能性が高いと

思われる要因を絞り込み、この要因にこだわって解析を進めます。

　特性要因図は、経験が豊かで現場をよく知っている人たちが、体験・経験をもとにブレーンストーミングでつくり上げています。特性要因図の中からデータや作業者の気づきを説明できそうな要因を有力容疑要因として絞り込み、調査・解析を進める、つまり、特性要因図は原因を教えてくれるのではなくて、着目すべき要因を見つけ出す役割を果たしています。

■特性要因図のうまい活用事例

　某社の監督者が展開した手順を**図 2.7** に紹介します。特性要因図を「なぜなぜ」にうまく活用した例です。

① 　不良品の観察から特性の表現を具体的にします。

② 　特性に関する考えられる要因を知識・経験をもとにしたワイガヤで特性要因図を作成します。この要因図は、作業工程を大骨、それぞれの 4M を小骨にして、要因を経験者のブレーンストーミングで出し合っています。

③ 　急所管理をしている要因にマークをつけます(図 2.7 のⒶⒷⒸ)。

④ 　データからいえること、作業中に感じたこと(正しいかどうかの議論は不要です)を出し合って、関係しそうな要因にチェックマークをつけます(要因分析)。

⑤ 　チェックマークの多くついた要因を着目すべき要因として詳細調査を行い、不良につながる要因かどうかを確認します(原因追究)。

⑥ 　判明した原因に対して対策案を考えます(対策の実施)。

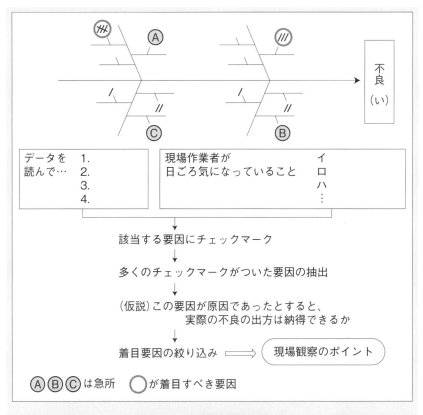

図2.7 特性要因図の使い方

　この手順を着実に踏む（これが現場で展開される QC 的問題解決）ことで確実に対策にたどり着いています（④、⑤の手順でなぜなぜ分析を行うと有効です）。

2.3.2　散発型への対応：「なにか」

　図2.8のようなタイプを散発型と呼びます。

　慢性型に比べて、日による好不調の波が大きい形です。つまり、日に

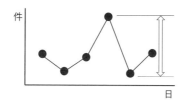

図2.8 散発型

よって変化する要因があると考えられます。急所要因は常に意識しているので、乱れた場合には気がつくはずですから、ある日だけ乱れたのは、急所以外の要因(その他の要因)の中の「なにか」が「いつもと違う」動きをしたと考えられます。

　これまでは、その他の要因については一つひとつを注視せずにまとめて、QC工程表(関所)などで工程能力が変化したことを異常として検知する、つまり、結果が変化したことから「なにか」が起こったことをとらえ、是正処置をして不良を未然に防ぐ行動をしていました。管理図では工程の変化が影響する結果系を特性値として工程異常を検出しているので、母集団が無視できないほど変化した場合にだけ「なにかが変化した」ことを知ることができます。変化した内容が恒久的なものであれば、放置しておくと慢性不良型の不良発生を招くことになるので、確実に手を打つことが必要です。

　しかし、そのときだけ「なにか」が変化したような場合、いきなり根本対策を施すことは必ずしも最適とはいえません。対策という名のもとに、作業注意を増やしてしまうと逆効果を招く恐れが出てきます。しばらくは様子を見てから根本対策の要否を判断してもよいのです。また、工程異常と判定するほどの大きな変化ではなくて、ほんの小さい「なにか」の変化は結果には反映しないので見逃されてしまいますが、案外、この「なにか」が後々に悪い影響を与える兆候だった、ということも多

いのです。不良ゼロを実現させるには、この「なにか」小さな変化にも目を向けておく必要があるのです。

散発型の不良防止には、根本対策よりもまずは以下のように対応しておきます。

- しばらくは同じ変化が起きていないかを作業開始前に観察する
- 同じ変化があったときだけ対応する

対策はできていないのですが、不良につながる危険は回避できることになります。同じ変化が繰り返し起きていることがわかったら、それから対策法を考えます。

毎日作業をしている作業者の人たちは、いつもの状態を身体が覚えているので、管理図で工程異常を検知する前に、敏感に「いつもと違うなにか」を感じることができます。データには影響しないほどの小さな変化に対して、場合によって作業者は作業標準に指示されていない追加配慮をしてでも結果に影響させない（工程を乱さない）ように努力します。管理監督者は、工程異常が検知されなければ工程は安定している、と判断するので、作業者にとっては、「冷や汗もの」であってもそのまま放置されてしまいます。

小さな変化が、作業者にとって、「やりにくさ」や「気づかい作業」につながる場合は、次も同じ冷や汗をかかなければなりません。

散発型では、作業者の気づきを問題解決につなげるチャンスとして捉えて、以下の6段階で対応します。

(1) 第1段階 お宝発見グラフの作成

散発型のタイプでは、変化を敏感にするために、統計的な矛盾は承知のうえでグラフの読み方を工夫します。このグラフを、「お宝発見グラフ」と呼びます。**図2.9**で説明します。

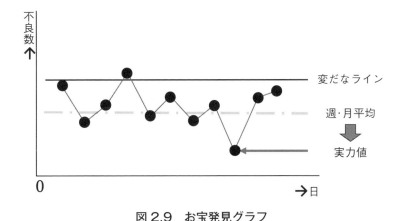

図 2.9　お宝発見グラフ

1)　お宝発見グラフの書き方

　お宝発見グラフでは、過去 3 か月で、最も不良が少なかった日の実績をこの工程の実力値と考えます。統計的には平均と平均からのばらつき量を実力とするのが一般的なのですが、ここでは、「現場作業では実力以上の成果が出ることはあり得ない」と考えます。

　不良が最も少なかった日は実力どおりの成果が得られたのです。もしも、不良ゼロの日があったとすれば、この工程の実力は不良ゼロなのです。この日と同じ作業ができたら、不良の出方は安定するはずだと考えます。そうすると、他の日は、実力を発揮しきれない「なにか」があったことになります。そのために作業者は苦戦したのであり、苦戦の内容を取り除くことができたら工程は安定するに違いない、つまり、良いときの状態を知ることによって、良いときと不調なときの違い（「なにか」が起こった）への気づき感度が上がるのです。

　工程で、いつもと違う「なにか」を最も敏感に感じているのは作業者自身です。そのことが不良につながるかどうかは不明でも、いつもと違う環境状態は無意識の中でも感じています。

2) 変だなラインの設定

前月の不良実績で、3〜5点くらいがはみ出すレベル線を今月の推移グラフに記入しておきます。今月はこの線をはみ出すほどの不良が発見された日の翌日朝に「なにか」を話し合うことにします。最も良かった日を基準にしているので、不良が多く発生したときの方が気づきのチャンスが多いはずです。

「お宝発見グラフ」は作業現場の全員が見られる場所に掲示します。

余談ですが、ある制御機器メーカーでは、このラインを「変だなライン」と名づけました。別の半導体メーカーでは「ワイガヤライン」、大阪の部品メーカーでは「なんとかしなければあきません(線)」と呼びました。親しみを込めて全員の関心を集めるための「あそびごころ」だったのでしょう。

管理図では管理限界線を引いて統計的に異常の検知をしていますが、お宝発見グラフの変だなラインは統計的な意味合いではなく、ワイガヤの機会を月に3〜5回設けるための目安、ガイドラインです。作業者に毎日のように、「なにか気がついたことはないか」と問い続けると「うるさいなぁ、別に…、なにも…」が多くなってしまい、逆効果になります。不良が多かった日は特に苦戦した日ですから気づきのチャンスも多いはずです。月に3〜5回程度会話の機会を設けると、最も感度が磨かれます。

(2) 第2段階 変化の実体をワイガヤで話し合う

変だなラインからはみ出す不良が発生した場合は、翌日朝一番にグループ(作業班など)全員でワイガヤをします。テーマは、「昨日なにか気がついたことはなかったか」、「なにかやりにくいと感じたことはなかったか」(「いつもと違う」)、つまり、環境の変化(状態)を聞き出すことです。朝のミーティングではいくつかの約束を守って「なにか」に対

するワイガヤを行ってください。

- 翌朝に実施すること（1週間後では変化を忘れてしまいます）
- ミーティングは5分程度までとする
- リーダーは、「不良・ミス・なぜ」を禁句とする
- 「そんなはずはない」、「不良とは関係がない」も禁句とする
- 出された意見には、「よいことを教えてくれた、ありがとう」を返す

　このミーティングで知りたいことは不良の原因ではなくて、作業中に「いつもとなにかが違うために気がかりだった」内容、つまり、作業を取り巻く環境の変化なのです。そのことが不良と関連するかどうかは後でゆっくりと考えたらよいのです。

　ミーティングを5分程度までとしたのは、感じたことを聞こうとしているからです。考えて出てくる声は必要ありません。「なにかあったはずだ。よく考えてみろ！」では不良の言い訳をしようと身構えてしまいます。

　「不良・ミス・なぜ」を禁句としたのは、不良の原因を探しているとの束縛を与えないためです。聞きたい、教えてほしいことはあくまでも職場環境の変化なのです。「不良・ミス・なぜ」の言葉を聞いた瞬間に作業者たちは原因を考え始めてしまいます。場合によっては、いいわけしか出てこないことにもなりかねません。ここで知りたいのは原因の誘因となっているかもしれない変化なのです。

　「そんなはずはない」などの会話を禁句としたのも同様で、原因を語り合おうとしているのではないことを知ってもらうためです。

　出された作業者の「声」は、お宝発見グラフの中に書き込みます。

　最初のうちは、「なにか？」と聞いても、あまり返事が返ってきません。「別に…」、「なにも…」となってしまいます。あきらめずに、「なにか気がついたことがあったら、いつでも教えてください」で朝のミー

ティングは終わります。筆者の経験では、普通の職場では3か月くらい
は空振りが続きます。そのうちに、「そういえば…、○○だったような
気がする」が出てきたらしめたものです。意見をグラフの中に書き込む
のは、どんな内容を話したらよいのかを他の作業者にも感じてもらうた
めでもあるのです。

　「いつもとなにか違う」の内容は、表2.4に示したとおりですが、声
として出てくるのは、

- いつもより照明が暗い感じがした
- ワークの色肌がいつもより薄いように感じた
- ○○機械の作動音がいつもよりも高い感じがした
- パーツフィーダーのチョコ停が多かった
- 工場見学の子供たちが多かった
- 昨日は蒸し暑かった

などといったことです。不良と関連するかどうかとは無関係に、作業中
に感じたことを聞き取ります。

　作業者から、このような声が出るようになると、対策もしていないの
に不良が下がり始めます。理由は簡単です。作業者は声にした瞬間から
そのことを意識し始めるので「うっかり」が影をひそめるのです。お宝
発見グラフで朝のワイガヤに取り組んだ多くの会社で、「3か月もした
ら不良が下がり始めた」との結果が報告されています。お宝発見グラフ
の「変だなライン」は前月の実績で引き直すので、毎月引き直す値が低
くなってくること、つまり、不良が減少していることを見ることができ
ます。

■ドイツのマイスターが喜んだ例

　ドイツの工場では監督者(マイスター)がその職場の全責任をもた
されています。良いときはいいのですが、結果が悪いときにも責任

を追及されるので、「そんな問題は発生しておりません」とかたくなに否定することもあります。ある半導体(実装板)の組付け職場で許可をもらって作業中の数人に声をかけました。

　　質問：いつもどんなことに気をつけていますか？

　　回答：ずれないように角を合わせることを注意しています。

　　質問：何かやりにくいと感じたことはありますか？

　　回答：ときどき角が合いにくい製品が流れてくることがあります。

　　質問：それはいつも起きることですか？

　　回答：いいえ。ロットが変わったときにときどき感じます。

　前工程の処理の仕方で状態が変化しているようでした。「前工程に対策をお願いしましょう。あなたが責任を感じることではないですよ。作業者の人たちはこのような変化を感じていますから、積極的に聞くようにしましょう」と説明しました。数回同じような会話を重ねた結果、このマイスターの顔つきが明るくなりました。

　散発型の会話のキーワードは、「なにか」です。リーダーは作業者が気楽に声を出せるような職場づくりを心掛けてください。

(3)　第3段階：変だなメモの準備

　月に3〜5回ほどの朝のミーティングが軌道に乗ってきたら、「変だなライン」にこだわらず、いつでも「なにか」を感じたときに声にしてくれる体制をつくります。某リレーメーカーでは、現場リーダーのKさんが、図2.10のような「変だなメモ」用紙をつくりました。作業者はいつもと違うなにかを感じたときにこの用紙に記入して、現場に設置した「変だな回収箱」に投函します。

　変だなメモの目的は、作業中に感じたことを情報として把握したいこ

図2.10　変だなメモ(様式、記載例)

となので、図2.10のようにイラスト入りとするなど、気楽に書くことができるように配慮が必要です。

工程の変化に対して、多くの企業では工程異常報告書を作成しています。図2.11に例を示します。状況を詳細に記入し、なぜ異常が起きたのか、どう対応したかなどを具体的に詳細に記入する様式が一般的です。おまけに、報告内容で記入の仕方に問題があるとリーダーから指摘(実際には叱責に近い)を受けてしまいます。手間がかかるうえに内容についても審査される内容を毎回書くことは大変な労力を要します。重大な変化ならまだしも、日常で起きる変化すべてに対応して報告書を書くことは困難です。まして、「書いて怒られる」では気分も良くありません。筆者は、製造現場の作業者には仕事中はできる限り作業では不要な筆記用具を持たなくてもいいように配慮すべきと感じています。

(4)　第4段階　良さを強調

順調に不良が減少してくると、不良最小記録が誕生し始めます。時には不良ゼロの日が出てくるかもしれません。そのときには、推移グラフの点を「花マーク」で飾ります(**図2.12**)。これまでは、変だなライン

発生日時	年 月 日 時		
発生工程名		機械名	
作業者名		検査員名	
発見者名			

異常内容	
異常原因	
処置内容	
再発防止	
備考	

図 2.11　工程異常報告書の例

で不良が多かった日を目立たせて「なにか」を見つけるチャンスとして
とらえてきましたが、品質が安定するに従って、変だなラインが下がっ
てきて、最終的には不良が１件起きると変だなミーティングをすること
になってしまいます。１件の不良に「なにか」を感じることはかなり困
難なことです。この段階では、逆に、「良いのが当たり前」と感じられ
るように、良さを強調したグラフにするのです。花マークの付いた翌日
のミーティングでは、「昨日は最高記録だったよ。すごいね！」と全員

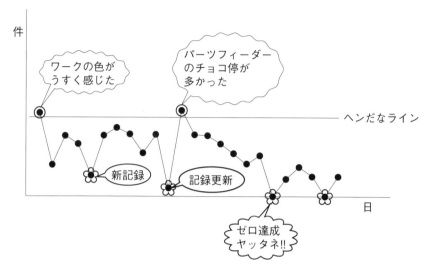

図2.12 花マークつき変だなグラフ

でたたえ合います。作業者は良い品質をつくろうと努力しているので良かったときに喜び合うのは気分が良いはずです。

この時点から、変だなラインにこだわらずに気がついたときにすぐに、「変だなメモ」を書く習慣が身についてきます。

某半導体メーカーの現場では、花の代わりに、「ニコちゃん」、「泣きべそ」ワッペンを貼りました（**図2.13**）。ほんのちょっとした「あそびごころ」で現場作業者のやらされ感を解きほぐそうとした例です。現場にいい意味での「あそびごころ」が出てくると、楽しく仕事をする雰囲気が高まって、成果が期待できます。

■**気まずい例：それでもリーダーはお小言を言いますか**

ある企業でアメリカの工場を立ち上げる準備で研修に来た現地の現場リーダーが、「アメリカの労働者は良かったときに褒められると、うれしいのでさらに頑張ろうと感じます、しかし、日本のリー

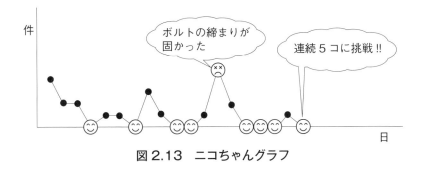

図2.13　ニコちゃんグラフ

　ダーは良かった翌日に、「いつも言っているように標準どおりの作
業をしたら不良は出ないことがわかっただろう。これからもしっか
りと注意して作業するように」と諭します。良かったときは素直に
喜んだらいいのに、どうしてお小言を言われるのでしょうか」と質
問して来ました。「たまたま、あなたの研修した職場のリーダーが
そうだったのだと思います。日本のリーダー全員がそうだとは思わ
ないでください」と苦しい答えをしてしまいました。良かったとき
には、まずは自慢し合うと気分が良いものです。

　順調に進むと、花マークが増えてきます。月に数個の花マークだと印
象が強いのですが、あまり多くなると、都度「昨日もよかったよ！」の
朝礼はマンネリ化してしまいます。そこで、月に半分くらい花マークが
つくようになったら、今度は、グラフのタイトル横に、「花を連続○○
個飾りましょう」といった目標を出します。本作戦のねらいは変化への
感度を高めるための意識づけです。「せっかく10個続けたのにA君の
ミスで11日目は泣きベソマークになってしまった」的に花マークが途
切れたことを叱責するような会話は厳禁です。花マークが途切れたとき
こそ、「なにか」を感じるチャンスが来たと思うことが重要なのです。
チャンスを逃さない集団がわずかな変化への気づき力を高めます。

■**成果を上げた事例：ゲーム感覚で成果を上げました**

　島根県の某メーカーでの体験です。工場には2本の生産ラインが
あって一方は正規社員の担当で、他方は委託会社の方の担当です。
委託会社のリーダーは担当しているラインは不良が多いと指摘され
て悩んでいました。リーダーはラインを2グループ(前半工程と後
半工程)に分けて、変だなメモの記入枚数を競わせました。月ごと
に集計して件数の多いグループを表彰します。よい意味の競走意識
ができて2グループとも変だな枚数が毎月増えていきました。気が
ついたら、委託会社担当ラインの良品率は正規社員担当ラインより
も高くなって逆に正規社員担当のラインを刺激していました。

(5)　第5段階　工夫を楽しむ集団づくり

　これまでで変化への気づき感度が高まってきました。次に挑戦するの
は、「工夫を楽しむ集団づくり」です。

　作業者が気づいた、「いつもとなにか違う」内容の多くは、作業者に
とってはいつもよりも気になる要素を含んでいます。放っておくと場合
によってはミスにつながることがあるかもしれません。人や日によって
作業がばらつく可能性のある作業が少ないほど、工程は安定するはずで
す。**第4章**で詳述しますが、開発段階で設計や生産技術部門がいろいろ
と対応してくれてはいますが、すべてが気づかいのいらない工程になる
ことはありません。

　変化によって、やりにくくなる作業(ムリ作業)・注意しなければいけ
ない作業(気がかり作業)は少ないほうが良いに決まっています。新人と
ベテランで差が出てくるのは、技能を必要とする項目以外では、慣れで
カバーする作業が多いか少ないかの違いです。慣れは固有技術ではあり

ません。慣れでしかカバーできない作業要素は、誰が作業してもやりにくい作業なのです。

　せっかく、「いつもとなにか違う」への感度が上がってきたのですから、次は、「変化があっても気づかいがいらない」工程づくりに挑戦します。

　この段階では、「再発防止」という固い言葉を一旦忘れてください。重要な問題が発生した場合は徹底した分析と対策が必要であることはいうまでもないことですが、あるときだけ一般要因が乱れたのであれば、乱れたときだけ対応ができたら不良の発生を防ぐことができるはずです。再発防止という「美しい」言葉に惑わされて、常に気をつけなければならない項目を増やす（作業標準で急所を追加する）と、仕事が忙しくなって守り切れなくなるといった逆の結果を招く恐れさえあります。また、再発防止のために設計や生産技術部門が行動することは大切ですが、対策の内容によっては大げさになって、かえって作業しにくいことにもなりかねません。

　一般要因の乱れへの対応法としては、以下があります。

　　①　変化があったときに発見した工程要素と同じ現象が起きていないかをしばらくは確認する（作業開始前に状況確認）

　　②　ムリ作業を、「ムリなくできる」ように工夫する

　①は原因に対策しているわけではありません。変化で生じる不良発生の原因系の状態を作業開始前に確認して、問題の発生を止めているのです（観察処分）。不幸にして同じ状態が確認された場合は、当該の要因がそのときだけではなく安定的に変化したと考えて、根本対策の対象要因として問題解決活動（なぜなぜ分析の出番です）を行います（実刑への移行）。

　②は原因系に手を打ちます。いつもと違う内容は結果的に作業者の作業方法に何らかの変化・変更を伴うことが多いので、人によって差が生

じる危険性が高いのです。

したがって、「誰でも普通に作業すれば問題は起こらない、つまり、ムリなくできる」ようにする、これが着眼点です。

リーダーは打ち上げられた「変だなメモ」について、「この変化はどんな品質に影響する可能性があるか」を読み取ります。特に影響がないと思われる事項(「Bさんの隣で作業するのは嫌だ」、「プレス職場は音が大きいので嫌いだ」、「現場が暗い」などは当日だけの変化ではない)は苦情項目として懇親会で相談することにします。影響が予想される変化については、工夫すべきテーマとして改善・対策の担当割り付けを行います。「変だな」への着眼点は以下のとおりです。

- 品質への影響度(重大：重要品質問題、中：一般品質問題、軽微：軽微な欠陥)
- 解決の難易予測(難：設計・生産技術等の協力が必要、中：問題解決テーマとしての取組みが必要、易：工夫で行けそう)

これらはリーダーの経験をベースとして定性的に判断すれば結構です。

そして、判断結果を、**図2.14**のマトリックスで明示します(某社では

	重大	中	軽微
難	A	A	B
中	A	B	C
易	B	C	C

後工程に流失した場合の影響度 →

解決の難易度 ↑

A：管理者(生産課長)が担当(他部門の協力を依頼する可能性が大)
B：監督者が担当(問題解決手順に従った対応を要す)
C：小集団・創意工夫で対応

図2.14　改善担当割り付け表(ないないマトリックス)

これを、「ないないマトリックス」と呼びました。「やりにくさがない」の意味だと思います)。

　リーダーは、変だなメモの内容を改善テーマの表現に置き換えて割り付け表に貼ります。割り付け表は模造紙で作成し、生産現場に掲示しておきます。この割り付け表には活動進度がわかる工夫として、ワッペンを使っています。

- 割り付け表に貼ったときに、赤のワッペン
- 検討中は、黄色のワッペン
- 処置・対策済は、緑のワッペン

　割り付け時はリーダーが、検討中・対策済みは割り付けられた側が貼ります。これでテーマの進捗状況が見えることになります。

　対策が済んだ当該項目は赤・黄・緑のワッペンが揃います。対策済み項目の効果判定は作業者が行い、「前よりも気がかりなく作業できるようになった」、「前よりもやりやすくなった」を感覚で判断します。「あれがダメだ、これが問題だ」の会話は不要です。作業者にとって効果が認められない場合は同じ項目を再度表に掲載します。また、以前よりもやりやすくなった項目でも、慣れるにしたがってまだ不安だと感じたら、再度同じ項目をメモで提起します。トヨタグループで良く使われている、「改善、また改善」を利用した取組み、つまり、「前より良くなった」、「もっとうまい方法はないか」を繰り返すことでアイデアレベルが高くなることを期待しています。

　改善割り付け表を現場に掲示することで、作業者にとって自分の提起した項目が対応されていることが確認できるので、さらに提起すべきテーマを見つけるようになり、変化に敏感な集団が育ってきます。割り付けられた項目については、ワッペンで改善の遅れを感じることができるので、良い意味で刺激となって行動が促進されます。

■補足：C ランクの問題に対して

　本書では「QC サークルで取り組む」など、随所に QC サークルという言葉を登場させています。QC サークル活動をやってはいないという読者の方は違和感があるかもしれません。ここでは、「同じ職場で働く仲間と知恵を出し合ってよい工夫を楽しむ集団」をQC サークルと呼んでいます。QC サークル登録をしているかどうかは関係ありません。

　改善割り付け表を積極的に展開した某船外機メーカーでは、全項目のうち、85％が C、10％が B、残る 5％が A となりました。つまり、ほとんどが打ち上げた本人たちの「工夫」で対応するテーマとなっていたのです。進行状況では C のテーマから "緑：処置・対策済" が目立ち始めました。QC サークル活動や、創意工夫のグループ提案が活動を促進させたのです。このことが B・A のテーマ担当を刺激し、全体の活動が促進されました。1 年もすると同社の工程不良は重要問題ゼロ、一般問題で流出は対前年比 70％減となって、客先の舟艇メーカーに喜ばれました。

　以下に、自社に合うように工夫して改善割り付け表を展開した例を紹介します。

■アメリカの企業の成果例

　アメリカ・アーカンソー州にある、作業者が 200 名弱のブレーキパイプ成形企業の例です。品質保証スタッフ・生産課長は、「どうしてミスをしたんだ！　ミスで費やしたロスコスト分を給料から差し引くぞ！」を禁句として、「なにか気がついたことはないか、やり難いなと感じたことはないか」を繰り返すことにしました。不良

が発生しても、「なぜ？」とは言わずに、「なにか感じたことはないか。感じたことがあったらすぐに教えてくれ」を続けました。なぜミスをしたのかを問い詰めていたスタッフたちにとって、「なにか気がついていたことがあるのならば、教えてください」と聞き出す行動は相当の苦労だったと思います。

　また、現場の各所にホワイトボードを置いて、「気がついたらここへ書いておいてください」と依頼を続けました。約束ごととして、管理者・スタッフは巡回中に何かが書かれていたときには、必ず返事を書いておくことを徹底しました。「これは検討するので少し待ってください」、「これは皆さんでやりやすくできるように工夫してみてください」などの行動を要請したのです。

　ミスをしたら叱られることに慣れていた作業者たちが、なにかを言ったらありがとうと喜ばれたうえにみんなで対応してもらえることを実感し、活動が変わりました。結果、GM、フォード、クライスラー、アメリカホンダなどの客先でクレームゼロが継続できるようになりました。客先の定期監査でも実績がゼロでは指摘することもなく、「どうしてゼロを実現できたのか」と逆に質問を受けるほどです。工場長はすました顔で「現場の作業者に聞いてみてください。彼らは自分の仕事を楽しんでいます。」と回答しました。同社では夜学に通う1人を除いた全員がQCサークル活動に参加するようになりました。

■苦戦している作業の観察からの成果例

　某自転車用発電機メーカー生産工程の例です。12名の女性グループで大きな机に肩を寄せ合って作業しています。リーダー格の日本女性1名の他は全員外国の人たちで、ポルトガル語・スペイン

語・ベトナム語・タガログ語・インドネシア語など、作業者同士で
も言葉が通じない状況です。スタッフの集計によると、「不良は工
場でワースト1、しかも、ミスが最も多いのがリーダーなのです」
とのことでした。

　現場を見ると、リーダーは自分の担当作業をできるだけ早くこな
して、他の作業者が苦戦しているのを見つけては援助に行くことを
繰り返しています。そこで、リーダーに、「データでなくても感想
でよろしいので、今日はBさんの仕事に遅れがあった、Kさんが
ハーネスのつなぎで苦労していたなど、支援したことをメモしてお
いてください」とお願いしました。スタッフはこのメモを中心に、
作業の変化・やりにくさを知ることとなって改善が進みはじめまし
た。そのうちに、作業者からのやりにくい作業の提起で、ポルトガ
ル語・スペイン語・インドネシア語などの「変だなメモ」があふれ
だしました。調子が出てくると、彼女たちのほうがむしろ積極的に
情報を出してくれるようです。活動が始まって半年ほどの短い期間
で、このグループは工場トップの品質レベルを実現しました。

(6)　第6段階　全社活動への発展

　第5段階までの活動が順調に進んでくると、全社的に現場が頑張って
くれていることが認知されてきます。第6段階は、ムリ作業排除の活動
を全社でできるよう発展させます。

　某自動車メーカーでは、年度の重点方策として、「現場からムリ作業
を取り除く」を取り上げました。

　実行チームを編成して活動が開始されました。

　リーダー：開発部門担当役員、事務局：品質保証部、チーム：設
計・生産技術・調達・製造・品質保証部で毎週ミーティングを開催

活動内容は以下としました。

① 3名1組のグループを編成して生産工程1工程に1〜2時間をかけて、「この工程でやり難い・気がかり作業はないか」視点で観察しました。作業標準記載内容や実作業の状態を見るのではなくて、「もし○○したらやりにくいだろうな」的にやりにくさ要素を掘り起こしました。担当の作業者からもヒアリングしました。

② ミーティングでは、指摘された項目について、「設計的に対応する方法」はないかを次週までに検討するように割り付けました。

③ 翌週の回答で、設計での対応ができない事項については生産技術(治工具)で対応できないかの検討を指示します。

④ 設計・生産技術で対応できない事項は製造で対応することを検討します。

この活動を毎週2〜3工程ずつ、1年間かけて全工程について実施しました。

従来は、量産製品に対しては、設計や生産技術から「対策案はありますがコストアップになってしまいます」など、できない理由が回答として返ってくるケースが目立っていたのですが、開発の担当役員がリーダーを務めていることから、担当者は具体的な改善案を提案するケースが増えてきました。生産側も、「どうせ提起してもやってはくれないのだから」と非協力的であったのが、「設計・生産技術が本気で取り組んでくれる。我々も、自分たちでやるべきこととお願いすることを分けて提起しなければ」と姿勢が変化しました。

特定の品質問題に取り組んだわけではなく、1年間かけてやりにくい作業に手を打った結果、製造不良が40%も低減しました。当時の社内報でも、「現場からムリを追放すると不良はなくなる」の特集記事を載

せて全社に啓蒙しました。その後、主要仕入れ先に対しても「ムリ作業」の発掘と改善を続け、成果を上げました。

　ここまで、散発型に対する対応を説明しました。非科学的な方法で効果が出るかどうか不安視される読者がいらっしゃるかもしれませんが、散発型は急所以外の要因に着目しているので、いつもの状態を知っている作業者の感覚、つまり、「なにか」への反応が問題解決の決め手になるのです。

　以下に変だなメモから生まれた改善例をいくつか紹介します。事例1〜5は現場の作業者たちが工夫した内容です。大げさな対策よりも、ほんの小さな工夫が安定した作業につながることがおわかりいただけるでしょう。

■事例1　変化に応じて作業の工夫をした例

　ハーネスの先端かしめ作業現場の例です。自動搬送で供給されるかしめ用の口金にハーネスを差し込んで作業機のペダルを踏むとかしめが完了する単純な作業です。「新人が習熟するにはどれくらい時間がかかりますか」と尋ねると「簡単な作業だから1時間もあれば十分だよ」との答え。作業標準には手順が示されていますが急所作業内容はなく、「ハーネスを確実にはめ込むこと」と書かれているだけです。口金は離型ロール紙で供給されていますが、よく観察すると、ロールの径が小さくなるに従って口金が開き気味になり、ハーネスの差し込みが不安定になっています。ベテラン作業者はそのことを知っているので、ハーネスを治具に沿わせて挿入していますが、新人は作業標準で教えられたとおりの作業をしています。その結果、2人の作業者では不良の出方が明らかに違っています。

　離型ロール紙で口金を供給する限り、この傾向は必ず起こりま

す。ハーネスをセットする際に単に差し込むのではなく、治具に沿わせて差し込んだほうが、口金の状態に影響されずに安定した作業ができることを全員に共有するよう、作業標準に急所作業として書き込んで解決しました。

■**事例２　「注意するように」を「注意しなくても」に変えた例**

　半導体の洗浄・乾燥工程での例です。高価なシリコンウエハーが15枚入ったケースを工程間で移動させています。冷蔵庫の扉にうっかりケースが当たって落としてしまうと、15枚全部が不良となってしまい、大きな損失になります。作業標準書には、「移動時は扉にケースを当てないよう、必ず時計回りに回ること」と書かれていますが、慣れてくると何かの拍子に反時計回りに回って扉に接触することもあって、これをポカミスとして扱っていました。

　そこで、チームメンバーは作業フロアに大きな矢印を書いて、「矢印のとおり動くこと」を申し合わせました。文章での注意よりも「見える化」によって自然に動けるようにした例です。

　その後、日曜大工の得意な作業者が扉を180度開くように付け替えて、床の矢印を消しました。時計回りでも反時計回りでも安心です。作業標準の注意事項も削除しました。「普通にやったらいいよ」が最も安全な作業なのです。

■**事例３　作業台の工夫で力仕事を解消した例**

　ある組付け工程の例です。多くの小物部品を組み付けていますが、中でもワッシャーに困っています。油がついているために2枚以上のワッシャーがくっついていることが多く、作業者は指ではが

して装着しなければなりません。うっかり2枚以上装着してしまうと大トラブルを起こしてしまいます。注意して作業をするのですが、ワッシャーをはがすのは力仕事で、終業時には指が痛くなってしまいます。

そこで、作業者の発案で作業台にワッシャー1枚分の厚さの段をつけました。ここを滑らせてピッキングすると簡単に1枚だけを取り出せます。ワッシャー供給メーカーに「油を取り除いて納入してください」と頼むなど、むずかしい対応をしなくても、簡単に問題が解消しました。

■事例4　「ここまでクリップ」で忘れ防止を実現した例

6本のボルトを締め付ける工程です。作業標準には、「休憩時は6本すべて終了してから休憩すること」となっています。しかし昼食のメニューが限られていて、遅れると希望の食事ができなくなるため、作業者は昼になると、ついつい途中でも作業をやめて食堂へ走ります。そうすると、午後の作業開始時にはどこまで作業してあったかがわかりません。最初からやり直すと2回締めで相手の樹脂が破損する危険があり、また作業者の記憶だけで再開すると閉め忘れが起こります。

そこで、作業者は「ここまで」と書かれた標識をつけた「ここまでクリップ」を作成して、休憩に入るときはこのクリップを作業中断箇所に挟むことにしました。その結果、午後の作業再開時のミスをなくすことができました。

■**事例5　「見える化」の工夫で員数ミスを防止した例**

　海外の現地法人での生産には、ミス防止のためにボルト類も1台分ずつ供給しています。客先から、「○○品番のボルトを126本」といった端数の注文が来ます。ボルト供給の作業者は本数を数えて出荷しますが、途中でなにかが起きる（話しかけ、離席など）と本数が怪しくなります。計量はかりでも1本程度の誤差は発生する可能性があります。

　そこで、作業者は、作業台に格子線を書き込み、その中に5本ずつ置いていくこととしました。作業者に聞くと、4本や6本のときは山の高さが違うのですぐに判別できるということです。これで途中で作業の乱れがあっても数を間違えることはなくなります。

事例6～9は他部門やスタッフに協力してもらった改善例です。

■**事例6　作業指図票の改善**

　半導体の工場では、ウエハーにデータが入ってしまうと目には見えませんので、誤品防止のために指図書と現品伝票を工程ごとに確認しています。確認のキーワードは品番ですが、指示書には10ケタ以上の品番が小さく書かれています。現場には必要のない情報も入っているために、品番の記入が小さくなってしまっているのです。おまけに同じような数字が並んでいるので、確認を確実に、と言われても、クイズに近い状態になってしまいます。作業者は経験上品番の終わり3ケタあたりを注視しますが、品番の頭のローマ字が変わっていたりします。

　そこで、生産管理に依頼して、現場管理用の指示書を新設しました。製造現場では使わない情報は省略し、肝心の品番などを大きく

表示することで確認が正確にできるようになりました。

　その後、この作業はバーコードを読み取る方式となりました。

■事例7　倉庫の置き場改善（ピッキングミスの防止）

　ボルト類の倉庫では、多くの品種のボルト類が棚に並んでいます。ピッキング担当者は、作業場で細かい品番を確認して数量を数えています。

　そこで、スタッフは倉庫のレイアウトを見直して、住所表示（○○列××番）を実施しました。その際に、類似ボルトを同じ位置に置かないようにも配慮しました。また、蔵出しの作業指示は品番よりも所番地を大きく表示をしました。「か列 H-5 番」など、「ひらがな・ローマ字・数字」の組合せが最も確実に伝達できるとの人間工学の先生のアドバイスでの変更でした。品違いのピッキングが激減するとともに、作業者の心理的負担も大幅に軽減しました。

■事例8　カーテン付き部品棚で取り出しミス防止：課題を残した例

　多くの部品を取りつける工程で、生産技術が部品棚にカーテンをつけました。生産工程に連動して取りつける部品の棚のカーテンのみが開く方式なので、取り間違いは起こりません。

　しかし、ミス防止では好評だったのですが、作業に慣れてくると、1回ごとに部品棚まで行かなければならないので能率を落とす可能性が提起されました。わずかな距離でも作業者からは不評の声が出てきました。大きな改善にはときどき起きる、「あちら立てれば、こちら立たず」が起きた例です。

■事例９　慢性不良と思っていた不良が解消しました

　この職場では精密部品をつなぐ作業をしていますが、少しでも
ずれてしまうと不良になってしまいます。10年来不良が減少せず、
慢性不良と判断して設計部門に解決を依頼してきましたが解決して
いません。

　筆者が日々のグラフを見たところ、散発型の発生をしている部分
を見つけました。慢性不良と割り切って月単位（平均）で論じていた
ために散発型の議論がされていなかったのです。早速、現場のリー
ダーに、「変だなグラフ」の作成を依頼しました。

　苦戦した日に、提起された「変だな」の内容を現場で確認するよ
うにしました。慣れるまではついついいいわけ的な意見しか出な
かったのですが、続けていくと作業者からポツリポツリと変化の内
容が出てくるようになりました。環境変化そのものを全部除去す
ることは困難ですので、「変化に敏感」と「変化があっても乱れな
い」を着眼点とした工夫・アイデア出しが加速した結果、グラフの
形が散発型から日々の違いがなくなって実力レベルに安定した慢性
型に変わってきました。これ以上不良を下げるには慢性型の解析が
有効、とばかりに、設計・生産技術が主役になって対策を進めた結
果、ついに不良ゼロを達成しました。

　まず、散発型へのアプローチ（「なにか」）で現場の変化に着目し、
日によるばらつきがなくなった時点で、さらに良くするために慢性
型のアプローチ（「なぜなぜ」）をすることで、10年来の不良を6か
月で解消した例です。以降、この職場では現状把握の段階で現場作
業者の気づきを大切にした活動が展開されて問題解決のレベルが高
まり、全社の模範職場として注目されました。

　繰り返しになりますが、従来の工程管理では一般の要因は無視できないほどの乱れが起こったときを工程異常として着目してきました。散発型の不良発生は、工程が異常と判定するほどの変化はしていないのに、そのときだけ不良となってしまう、つまり、ほんの小さな変化であっても作業者にとっては気がかりややりにくさとなって作業を乱しているのです。したがって、改善の着眼点は、気がかりや無理を取り除く工夫をするということになります。とりわけ、「見える化」の工夫が気づかい作業の解消に対して有効なのです。

2.3.3　突発型への対応：「どれどれ」

　図2.15のグラフで、4日を除くとこの工程は安定しています。つまり、この工程はしっかりと良品をつくり続ける実力を有しているのです。このような工程では、「いつもと違う」という理由で4日のような不良が多発することは考えられません。

　つまり4日は突然になにか事故が発生しています。例えば「基準ピンが突然曲がってしまった」、「切削油の供給が突然止まってしまった」などです。このような事故はいったん起きると連続して不良をつくってしまうことが多いのです。

　しかし、毎日作業をしている作業者は、もちろんこのような事故に

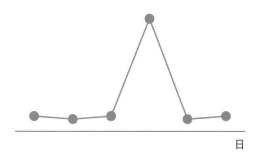

日

図 2.15　突発型

は気がつきます。「変だなメモ」を書いている余裕はなく、すぐにリーダーに連絡して、関係者で「どれどれ」と現場を見て、事故などの状況を現認して、一刻も早く現状復帰をはからねばなりません。このときのキーワードは、「どれどれ」です。まずは現状復帰をしてから、その後ゆっくりと原因追究(なぜなぜ)を行います。つまり、突発型への対応は現場確認(どれどれ)が優先します。なぜなぜを考える(頭)よりも実態を確認する(眼)ことが肝心です。

■現状確認で簡単に改善に結びついた例

　某機械部品組立工場で、ある日不良が多発しました。すぐに現場を確認したところ、締め付けのスクリューを供給するパーツフィーダーの位置がずれていて、スクリューが定位置に収まらないために締め付け工具と合致せず、斜め締め付けになっていました。パーツフィーダーの位置を直すことで、この事故については一件落着、となりました。

　その後調べてみると、事故の前日にパーツフィーダーの清掃を実施した際に位置をずらしてしまったことが判明しました。そこで、位置決めストッパーをつけてずれないようにしました。保全作業標準に注意書きしなくても、普通に保全作業をすればよく、気がかり作業やチェック項目が増えることはありませんでした。

　もしも、現場確認しても状況が皆目つかめないようなケースでは、PM分析が有効なこともあります。PM分析(P：Phenomena・Physical、M：Mechanism)はTPM(Total Productive Maintenance)で設備故障の解析などに用いられる分析手法です。本書では基本的な手順を紹介します。詳細は専門の文献などで確認してください。また、**表2.10**にPM分析の例を示します。

表 2.10 PM 分析の例

物理的な見方	成立する条件	設備・材料等との関連性
外的条件(衝撃・摩擦・振動・その他)により、重心の移動が起きバランスを失う	1. 摩擦の発生する条件 • 回転テーブルとワークの接触面 • ワークの変型(底面変型・異物付着) 2. 振動を発生する条件 • 回転テーブル自体の異常(波うち・ブレ) • 回転テーブルと周辺ガイドの接触 2. (省略)	(省略) • テーブルの表面状態 • テーブルの平坦度 • テーブルのブレ • テーブルの回転ムラ • ガイドの形状・位置・角度 • ガイドの表面状態 • テーブルとガイドの接触状態

PM 分析の手順は以下のとおりです。

① 現象の明確化

② 現象の物理的解析

③ 現象の成立する条件

④ 4 M との関連性の検討

⑤ あるべき姿の検討

⑥ 調査方法の検討

⑦ 不具合の摘出

⑧ 復元・改善の実施

TPM では、表 2.10 のような内容を系統図で整理し、関係者間で知識を共有しやすくする(見える化)ことを推奨しています。

2.3.4 単発型への対応：「どうしたら」

図 2.16 は工程が安定し、不良が出なくなった(1 日の生産で不良ゼロ

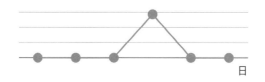

図 2.16 単発型

が珍しいことではなくなった)状態を示しています。

（1） 単発型に対する基本姿勢

　単発型で気をつけなければならないことは、予想外のところで発生する１個不良です。安定しているとはいえ、例えば、ちょっと風が吹いて髪が乱れた程度の変化で、作業者は気を取られてうっかりを招くことさえあります。工程には、ほんの小さな「オトシアナ」的な盲点がたくさん残っています。

　また、数日前に起こった１個不良と今日の１個不良が同じ原因で発生したというケースは、むしろ少ないのです。起きる都度、原因は異なっていると考えたほうが正しいのです。もしもいつも同じ原因で発生するのであれば、不良がもっと頻繁に起こっても不思議はないはずです。

　そのように考えてみると、不良発生の都度原因が異なっているので、対策して再発防止をしようとするときりがありません。

　第１章で述べたように、多くの作業現場では、１個だけ発生した不良を「ポカミス」と称して、

- 作業者がよそ事を考えていた
- 作業者が作業標準を守っていなかった

など、原因を人のせいにして、

- 作業中は作業に集中するよう注意した
- ダブルチェックを追加した

などの対策・再発防止を定めて一件落着、としてしまうケースが良く見

られます。「よそ事を考えていた」ことが1個不良の原因であることをどうやって見定められるのでしょうか。良品をつくっているときと1個の不良をつくったときの違いが不注意であると決めつけることにはムリがあります。まして、再発防止の方法としてダブルチェックを定番にすると、不良が発見されるたびにダブルチェックの項目が増えてしまいます。注意する作業が増えてしまうと、注意し続けることがますます困難になってしまいます。効果はとても期待できません。

　ほんの些細な環境の変化がミスを誘発するのですから、ミスがあったことに対して、「なぜなぜ」と議論しても確証が得られる保証はありません。ポカミスがあったときに最も不思議に感じているのは作業者自身かもしれません。「おかしいなぁ、私がこんなことを見落とすなんて…」、リーダーが「なぜ？」と問いただしても、「そうだよね。こんなことを見落とすなんて考えられないよ」が正直な回答かもしれません。

■ポカミスはユウレイかもしれません

　「ポカミス」は、とても「便利」な言葉です。結果でもなければ原因でもありません。多くの会社で工程不良一覧を見たときに、作動不良・傷・汚れなどの現象と並んでポカミスという項目が並んでいました。どんな現象だったのでしょうか。次の機会に拝見すると現象からは外されていたのですが、今度は原因にポカミスの表現がありました。担当した作業者がミスをしたことが原因とでも言いたいのでしょうか。もしもこれが真実だったら、作業者を変えることが対策になってしまいます。変わった作業者が前の人以上に不注意だったらかえって悪さが増えてしまいます。忘れた原因・環境を追究してそこに手を打つことが必要です。

　しかし、ミスをした本人ですら原因はわからないのがポカミスの特長ですから、原因の追究は困難な場合が多いのです。ポカミスは

あいまいな言葉なので、筆者は企業の人に、「ポカミス」という表現を使わないよう提案しています。つまり、現象のパレート図では現象そのもの(品違い、欠品、ラベル貼り間違いなど)を表現し、要因のパレート図では要因が不明ですから「その他」でしか処理できません。まさに、ポカミスは、「ユウレイ」のように、足(原因)が見えないのです。

(2)　ポカミスに関する考え方

ポカミスはユウレイのように発生するため、特定して退治するのは困難です。それでも、以下に示すポカミスへの対応法をいずれかでも実施しておけば、ミスを避けることができます。

- ユウレイになる可能性がある作業(ムリ作業)を改善して気がかりなく　作業できるようにする(ムリ作業をなくす、問題が発生しても最終結果にまで影響しないようにするなど)
- ユウレイが出そうな場所を明るくして出られないようにする、つまり、ミスが発生しそうな「オトシアナ」が作業中に見えるようにする

ポカミスに対しては、発想を変えて、要因が都度異なると仮定した場合に、個別の問題に対して原因を追究することをやめて、「今にして思えば…」的に、環境の変化、作業のやりにくさなど、ミスにつながる可能性のある要因を探し出します。「なぜ、ミスが発生したか」ではなく、「どうしたら、同じ不良をつくることができるだろうか」を考えるのです。ミスにつながる要因を探し当てられたら、十分にありうることだと思われる要因に対して、心配ごとを取り除く工夫をしていくことになります。1個不良への対応は、「原因の追究―対策の実施」といった問題解決ではなくて、「気がかりな要素を取り除く」、つまり、予防に着目

（防犯活動）します。このときのキーワードは、「どうしたら」です。

不良のつくり方解析には、後述する「保証の網」が有力な手段です。

■再発防止には３つのタイプがあります

再発防止（またを防ぐ）には３つのタイプがあります。以下のタイプを見て、どのことを再発（また）といっているのか、再発防止の対象はどちらなのかを改めて確認してみてください。

① 同じ原因で、同じ不具合が発生することを防ぐ

② 原因は異なっても、同じ不具合は発生させない

③ 同じ原因で、いろんな不具合を誘発することを防ぐ

①は、同じ原因を防ぎます。量産段階の再発防止は基本的にこのタイプに属します（同じ原因を「また」といっています）。慢性型に対するQC的問題解決（「なぜなぜ」）活動がこのタイプに対する対応法です。

②は、新製品開発時に開発部門に求められる再発防止です（未然防止につながります）。原因は違っていても同じ現象（不良）を起こさないことを要求します（同じ不具合を「また」といっています）。設計や生産準備段階で活用されるFTAは、このタイプへの解析法です。

③は、仕事のやり方の悪さがいろんな不具合を引き起こすのを防ぐ再発防止で、管理職の方に求められる再発防止（しくみの改善）です。例えば、開発段階で評価が遅いためにいろいろな問題の発見が遅れるなどは、評価が遅いことが原因、つまり、仕事のしくみの悪さが原因です（同じ原因を「また」といっています）。

1個不良への対応は、都度原因が異なるかもしれませんので②の考え方を採用して活動を展開します。

(3)　保証の網（不良のつくり方解析）

　1975年頃に豊田合成㈱で、ブレーキホース工程での不良ゼロ保証をねらって、生産開始直前の工程を「念には念を入れて」確認する（不良ゼロに対して工程・検査に洩れ落ちはないか）しくみの提案がありました。当時、全トヨタSQC研修会工程解析分科会（筆者も参加していました）で、このやり方を「保証の網」と命名し、安全以外の特性についても効果があると判断して活用を提起してきました。その後、保証の網は多くの方のアイデアでいろんなところで活用される手段に成長しました。代表例がトヨタグループで活用されている「QAネットワーク」です（QAネットワークは第4章で紹介します）。

　単発型不良の防止には、基本型の「保証の網」を活用し、「不良のつくり方」を考えることが有効です（図2.17）。

　①【不良項目】：工程で発生した不良項目（1項目）（例：表面キズ）を選びます。

　②【工程】：不良項目に関連する可能性がある作業工程を全部列挙します。

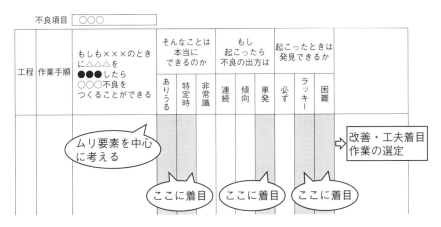

図2.17　保証の網

③　【作業手順】：作業標準で示してある作業手順をできる限り詳細に（できたら動作分析レベルが好ましい）表示します。

④　【不良のつくり方を列挙】：作業手順に従って、その作業で何とか①の不良をつくる方法はないかを関係者でワイワイと出し合います。「もしも××のときに△△を●●したら、○○不良（例ではキズ）をつくることができる」のように、非正常を含めた不良のつくり方を考えます。実際にはそんなことはやっていないなどの議論は不要です。

　　これ以外に不良をつくることは考えられないくらい出せたら完了です。

⑤　【発生の可能性評価】：④で考えられる不良のつくり方をすべて出し尽くしたので、ここでは、そんなことが実際に発生しうるのかを判定します。

　　a.いつでも起こりうる

　　b.特定の時に起きる（段取り替え・ロット切り替え、朝一番、休憩後、操業停止復帰直後など）

　　c.非常識な行動をしない限り起こらない（わざと不良をつくる）。

　　判定後、cにだけ○がついた項目を消去します。作業者は不良をつくるための行動はしませんから、cの行動の心配は必要ないことです。

⑥　【不良の出方推定】：⑤のa・b項目で不良が発生した場合に、どんな不良の出方をするかを推測します。

　　a.気がつくまで連続する（全数不良）

　　b.傾向的に発生する（徐々に増加、周期的に発生など）

　　c.単発で発生する（1個だけ）

　　推測後、c欄に着目します。

⑦　【発見の可能性予測】：もしも発生した場合に、この不良はどこの工程で発見することができるかを予測します。

　　a. 次の工程で必ず発見できる（次工程の作業ができなくなる）

　　b. 気をつけていたらどこかで発見できるかもしれない

　　c. 発見は困難（最終検査またはそのまま出荷されてしまう）

　予測後、b・c欄に着目します。

⑨　【総合リスク判定】着目すべき不良発生の可能性がある作業を抽出します。（⑤－a、b）、（⑥－c）、（⑦－b、c）に○のついた作業が1個不良を引き起こす可能性が高く、発生すると発見が困難（流出の可能性が大きい）であることがわかります。これらの項目こそ、作業者にとっては気がかりな作業なので、改善・工夫が望ましい項目です。

「保証の網」を整理すると、改善が望ましい作業要素が意外と多いことに気がつかれるでしょう。逆にいえば、作業者はこうしたオトシアナが多い作業を必死に避けながら作業してくれていることに気がつかれることでしょう。1個不良改善の着眼点は、「不良の発生を防ぐ」対策よりも、「ムリを解消して気づかいなく作業をする」、つまり、

- 「オトシアナ」をなくしてしまう（不良の要因を消去する）
- 万が一「オトシアナ」にはまってもケガしないようにアナを浅くする（影響を緩和する）
- 「オトシアナ」があることに気がつく（危険を回避する）

のいずれかができたらよいと考えます。もともと、稀にしか起こらない不良に対する改善なので、根本的な対策ばかり考える必要はありません。日頃の作業がかえってやりにくくなってしまっては逆効果です。図2.18に保証の網の具体例を示します。

　例えば、筆者の知る限り、世界共通で作業標準は右利きの作業者を前提に書かれているように思います。もしも、左利きの作業者が従事した

工程：ボルト類出庫　不良項目：ボルト異品出庫

倉庫作業手順	不良（異品出庫）の起こし方	可能性			発生パターン			発見力			オトシアナ	改善・工夫
		通常	特定時	非常識	連続	傾向	単発	必ず	ラッキー	困難		
1. 出庫伝票の確認	伝票の品名と品番が違う			○								
	伝票が汚れている	○					○		○	○	○	
	品番の記載が小さい見えにくい	○	○				○		○	○	○	
	客先による伝票様式の違い	○			○							
	品番の下4桁のみを確認	○	○				○		○	○	○	
	複数枚伝票を同時に処理	○										
	…											
2. 棚からのピッキング	棚に異品がある			○								
	棚の表示を勘違い	○					○		○	○	○	
	棚の見誤り（暗い）	○					○		○	○	○	
	棚の見誤り（思い込み）					○						
	隣のボルトのはみ出し		○			○			○		○	
	作業を中断(話しかけ、中座)	○	○				○		○	○	○	
	…											

図2.18　保証の網の記載例

場合はやりにくいと感じる作業があるかもしれません。また、体格の良い人で狭い隙間に手が入らないケースがあるかもしれません。ミスの起こし方を考える場合は現場を観察しながら、実情がどうなっているかではなくて、「もしも…であったら…」（前の例では、「もし左利きの作業者が作業したら」や「もし体格のよい作業者が作業したら」となります）と、よい意味で「イジワルな」観察をすることが肝心です。

(4) FTA の活用

保証の網は、いつもその工程を担当している作業者が中心となって作成すると、より効果が期待できる方法ですが、技術者が解析手法として活用する FTA（Fault Tree Analysis）の考え方を利用することも有効です。FTA はトップ事象（不良項目）から原因を論理的に考えて逐次下位レベルに展開する手法で、系統的に不良のつくり方を解析します。FTA の手法内容は専門の文献で確認してください。**図 2.19** に FTA の例を示します。

FTA の基本的な手順は、

① 製品の構造・機能を把握する
② 不具合事項を決める
③ 不具合事項の要因を書き出す
④ 各要因の重要さを評価する
⑤ 是正処置・検討結果を整理する

ここでは、②～④を重点に考えます。特に③では作業を取り巻く環境要因を考慮して系統図に整理します。④では作成した系統図の事象について、作業の現場で実際に起こりうることかどうかを判定します、つまり、FTA は故障の内容を原理・原則で系統図に整理しており、保証の網は作業単位で経験をもとにしたブレーンストーミングで可能性を探っているのです。

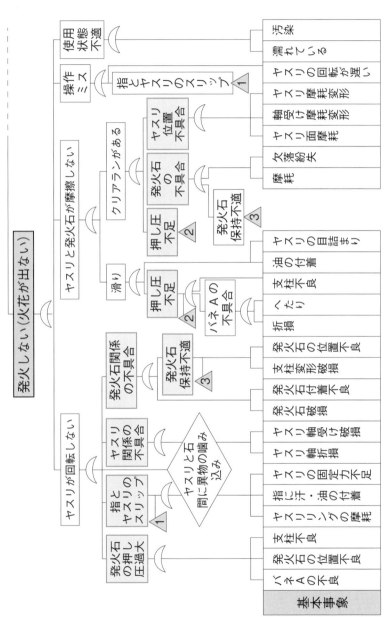

図2.19　FTAの例：100円ライターが発火しない

2.3.5 タイプ別問題解決法のまとめ

　製造問題解決の活動を始めるときに、まず着目する言葉として、「なぜなぜ」、「なにか」、「どれどれ」、「どうしたら」の4つを説明しました。これらをまとめて表2.11、図2.20・図2.21に整理しておきます。現場

表2.11　不良発生タイプ別対応のまとめ

不良の出方	追究の仕方
慢性型 安定発生	QCストーリーの活用
散発型 なにか？	「違い」→装置・条件・ロット 良かったときとの違い、昨日との違い 前のロットとの違い
突発型（事故） どれどれ	事故の内容を観察
単発型（万が一） どうしたら	「どうしたら同じ不良をつくることができるのか」を考える。

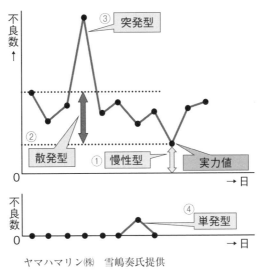

ヤマハマリン㈱　雪嶋奏氏提供

図2.20　活動の体系（1）

第2章　製造不良低減への取組み

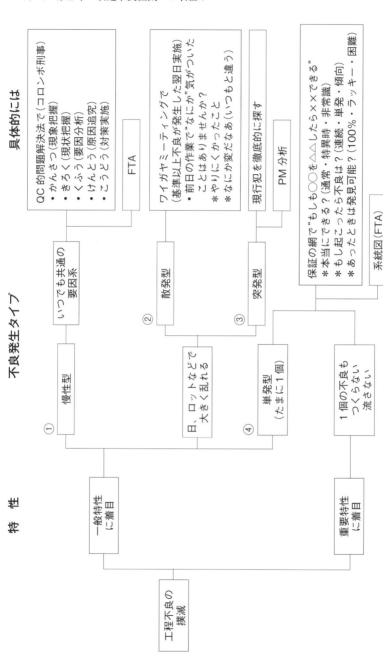

特 性　　不良発生タイプ　　具体的には

慢性型①
いつでも共通の要因系

QC的問題解決法で（コロンボ刑事）
・かんさつ（現象把握）
・きろく（現状把握）
・くふう（要因分析）
・けんとう（原因追究）
・こうどう（対策実施）

FTA

散発型②
日、ロットなどで大きく乱れる

ワイガヤミーティングで
（基準以上不良が発生した翌日実施）
・前日の作業で"なにか"気がついた
　ことはありませんか？
＊やりにくかったこと
＊なにか変だなあ（いつもと違う）

突発型③
単発型
（たまに1個）

現行犯を徹底的に探す

PM分析

1個の不良もつくらない
流さない

保証の網で"もしも○○○をしたら××ができる"
＊本当にできる？（通常・特異時・非常識）
＊もし起こったら不良は？（連続・単発・傾向）
＊あったときは発見可能？（100％・ラッキー・困難）

系統図（FTA）

一般特性に着目

重要特性に着目

工程不良の撲滅

図2.21 活動の体系（2）

ヤマハマリン㈱ 雪嶋泰氏提供

リーダーは、いきなり「なぜなぜ」と考えるよりも、現状把握の時点で、今の不良は４つのうちのどのタイプに属するのかを見定めてください。それぞれアプローチが異なります。「なぜなぜ分析」は有力な手段ですが、現状をしっかりつかんだうえで焦点を絞らないと、解析範囲が広くなりすぎたり、対策が大きくなったりしてしまいます。現場のほんのちょっとしたアイデアのほうが作業を"らく（ムリなく）"にすることもあるのです。

第 3 章

ポカミスを防ぐ
イキイキ職場づくり

　第2章で不良のタイプ分けとそれぞれの対応方法を説明しました。タイプ②散発型では「なにか」をキーワードにして作業者の環境変化への気づきを、④単発型では「どうしたら」をキーワードにして作業の中に潜んでいるムリ要素に着目してきました。

　ここでの主役は変化する環境の中でムリ作業をこなしている作業者の人たちです。

　繰り返しになりますが、昨今の製造現場では、限りなく不良ゼロの職場を指向しています、つまり、1個不良にこだわる職場が求められています。

　本章では、主役である作業者が活躍してくれる職場づくりを考えます。

3.1 ポカミスはなぜ起きるのか

3.1.1 ポカミス発生の仕方

ここまで何度も述べましたが、従来から、1個不良が発生したときに、なぜこんな不良が発生したのかをなぜなぜ問答的に、

【なぜ？】："作業者"が作業ミスをしたから

【なぜ？】："作業者"が確認を忘れたから、"作業者"が見間違えたから

【なぜ？】："作業者"が慌てていたから、"作業者"が不注意だったから

【対　策】："作業者"に、エラーしないよう教育・再指導した

【再発防止】："ダブルチェック"を追加した

で一件落着、としているケースが多く見られます。結局は、"人"に対して対策しています。これでは、ポカミスが1件発生するたびに注意すべき事項が増えていくことになります。果たして、「どんなときにも慌てないで、常に作業に集中して、誤認などを起こさないようによく確認して」作業することは可能でしょうか。終日、人の心を制御し続けることは非常に困難なことです。作業中は四六時中緊張し続けなければならない、と、言葉では簡単ですが現実にはムリなことです。どこかで気が緩むことは避けられません。

いうまでもなく、作業者はいつでも「不良をつくりたくない」、「ミスはしたくない」と努力しています。不良ゼロの翌朝に、「昨日は不良がゼロだったよ！すごいね」と言われて悪い気がする作業者はいません。不良をつくりたくないと思って作業しても不良は発生します。前に示したような「なぜなぜ追及」では解決したことにはならないのです。

ここで、ポカミス発生の見方を変えてみることにします。ポカミスは誰にでも、いつでも起きる可能性がある、つまり、作業の中にエラーを

誘発するようななにか、ポカミスを発生させる背景があるために起きると考えます。例えば、

① 人間の(誰もが)本来もっている心理的な特性
② 人(個人)の差(新人・ベテラン、右利き・左利きなど)
③ エラーを誘発しやすい環境
④ いつもと違う状態(緊急時、変則作業、引継ぎなど)

などの要素が複合したときに、結果として作業ミスが引き起こされたと考えてみます。つまり、“人”は作業ミスを引き起こす構成要素の一つなのです。

　上に記した要素の中で、個人の性格などに起因するものは、最終的には作業者の配置の適否などを検討する必要がありますが、③や④は誰に対しても影響を与える恐れがあり，気づかいな作業を強いられます。望ましいのは、こうした環境要因がエラーを誘発しないようになっていることです。

3.1.2　ヒューマンエラーとポカミス

　菅野文友氏(1995年デミング賞)は、セミナーの中で、「ヒューマンエラーとは、原因がない、強いて言えば、人間だからこそ起きるエラー」と説明されています。信号交差点での事故の中で、信号を確認していたにもかかわらず結果的に見落としたケースがあり、一瞬頭が空っぽになった瞬間に隣の信号が目に入って、無抵抗に目に入ったことに反応してしまうことが起きうるのだそうです。つまり、原因がないのですから、対策の打ちようがありません。重大不良につながるようなヒューマンエラーは物理的に起こらないように対策しなければなりません。フールプルーフ(fool proof)やフェイルセーフ(fail safe)などの対応が必要です。

　しかし、ポカミスには、ミスを起こしやすい誘因があるケースが圧倒

的に多いのです。筆者はこのタイプのミスをヒューマンエラーではなく、システムエラーと認識しています。ポカミス退治へのアプローチは、まず、エラー誘発の作業環境をなくすことから始めます。

3.2　開発段階でのムリ作業対応

　製造段階で環境要因に左右されない作業が保証されていたら、ポカミスを相当のレベルで防ぐことが期待できることは明らかです。

　1980年代頃までの開発では、作業性を生産試作段階、少し前出ししたとしても試作段階でチェックしていたために対策が間に合わず、作業工程でカバーすることが指示されるケースが目立ちました。1990年代頃からは発想を変えて、企画または構想設計段階で作業性を議論するケースが増えています。この段階で検討ができれば、詳細設計で気づかい作業に対応できることが期待できるのです。企画・構想設計段階では実物の評価はできませんので、あらかじめムリ作業の内容を明確にしておいて、設計図面に反映する必要があります。ここでは、製造側から現在の工程で苦戦しているやりにくい作業を整理して、「次期の製品では何とか工夫してくれるとありがたい」という要望書として提起しておきます。TPM で活用されている MP(Maintenance Prevention)情報が有効な要望書として活用できます。

　図 3.1 に MP 情報の例を示します。記入の要領は以下のとおりです。
　　①　現状の作業でやり難いと感じている作業をテーマとして抽出する
　　②　作業がしやすい状態とはどんな状態かを系統的に整理する
　　③　現状の製品はどうなっているかを提起する(作業しやすい状態とのずれ)
「こうしてほしい」といった希望を出すのではなく、ありたい姿と現

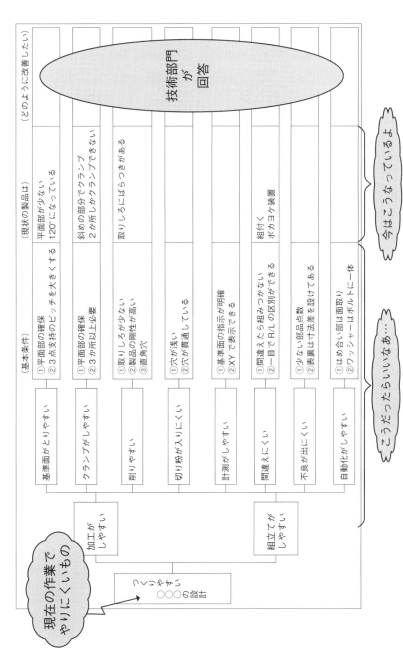

図 3.1　MP 情報の例

状との乖離を提起しているところに特徴があります。次期製品に対しての対応は、設計部門が内容を見て考え、右端の欄に書き込みます。設計で対応しきれない項目は、生産技術に伝えて設備・治工具で対応できないかを検討します。それも無理な内容は工程管理で重点管理すべき項目として準備します。

3.3　イキイキ職場

3.3.1　イキイキ職場とは

　開発段階でムリ作業の軽減を図ったとしても、エラーを誘発する作業環境要因は現場にたくさん残っています。表2.2〜表2.7に示した変更・変化などが代表例です。エラーを誘うこうした変化などは、現場で働く作業者が体験的に知っていることが多いのです。「この作業はやりにくいなぁ」、「びっくりしたよ、危うく忘れるところだった」などは何度となく体験しています。特に、経験の少ない作業者は変化に敏感です。ベテランの作業者は環境適応能力が優れているので、やりにくい作業でも慣れるにしたがって違和感がなくなる傾向があるのです。

　例えば、「今日は昨日に比べて暗い」ということは誰が気づくでしょうか。答えは簡単、いつもの明るさを知っている人です。スタッフは絶対的な照度を計器で測定することはできますが、昨日に比べてどうかといった変化はわかりません。作業者のみが小さな変化にも敏感になれます。この例のようなちょっとした変化がミスを誘発する危険性は結構高いのです。

　肝心なことは、作業者が気づいたことを共有することです。作業者がいつでも積極的に声にできる雰囲気をもった職場を、筆者は「イキイキ職場」と称しています(図3.2)。イキイキ職場ではポカミスが圧倒的に少ないことは多くの企業で実感されています。

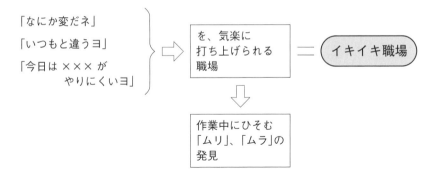

図 3.2　イキイキ職場

3.3.2　イキイキ職場を育てる

「作業者が感じたことを気楽に打ち上げられる職場をつくってください」といっても、それほど簡単なことではありません。多くの企業では、作業者は指摘を受けて指導されるという中で育ってきました。「なにか変だね」に対して、リーダーから「だから気をつけろと言っているだろう」と返されることに慣れてしまっています。変化などに気がついていても、「わざわざ言って叱られたりするのはごめんだ」とばかりに、打ち上げることをせずに、個人的に対応してしまいます。

(1)　気楽に声を出せる職場づくり

まずは気楽に声が出せる職場をつくります。作業ミスが発生したときこそ、エラー誘発要因を見つけ出す絶好のチャンスととらえてください。第2章の散発型で説明したとおり、「なにか」が起こったときこそ、気づかい作業に気がつくチャンスです。

1)　知りたいこと

ここで知りたいことは以下のとおりです。

- エラーを引き起こすきっかけ(状況)を知る

- エラー誘発要因の洗い出し（1つとは限らない）
- 潜在化しているエラー誘発環境の洗い出し
- 作業者が個人的に工夫し、対応しているノウハウの共有

2)　ワイガヤミーティング

　作業ミスが発生した翌日の朝にワイガヤミーティングを実施します。ミーティングの内容は、

- いつもとなにか違うと感じたことはなかったか
- 作業中にやりにくいなとか迷ったことはなかったか
- 他の工程で同じようなことを感じたことはないか
- 他の人はどう対応しているか

　第2章で説明したとおり、このミーティングではいくつかの注意事項を守ることが大切です。

- タイミングが重要（ミスのあった翌日までが限度）
- 1か月に3～5回のチャンスを計画する（変だなラインの活用）。
　　毎日ではマンネリ化する恐れが大きくなります。
- 1回のミーティングは5分程度とする。
　　作業中に感じたことが聞きたいので、考えて発言する内容は不要です。時間が長くなると、とかく、原因を考えてしまいます。特に発言がなかったとしても、「今度なにか気がついたら教えてください」と流します。
- リーダーは、「不良・ミス・なぜ」を禁句とする。
　　会話中にこれらのことばを使うと、瞬間に作業者は「なぜミスを犯したのか」を聞かれたと感じて身構えします。このミーティングではミスの原因を探るのではなくて、ミスを起こしやすい環境を語り合いたいのです。

　いきなり作業者の気づきを聞き出そうとしても、気楽に発言してくれないこともあります。以下に作業者が気楽に声を出せるように工夫した

リーダーを紹介します。

■【リーダーの工夫1】スナックMの開店

　組立工場のMリーダーの職場はパートの女性が多い職場です。多少いかつい顔のうえに低音のMリーダーが、「なにか気がついたことは？」と問いかけても、なかなか発言が得られません。そこで、パート仲間の実質リーダー格の女性にお願いして、みんなの声を聞いてもらう作戦をとりました。カウンターレディが客の注文を受けて自分は裏方マスターとして注文をさばく（改善の割り付けなど）、自分がときどき行くスナックのやり方をまねて、これを「スナックM方式」と名づけました。しばらくすると、やりにくい作業の情報という「注文」が増えてきました。

■【リーダーの工夫2】改善・工夫をすぐに具現化してみる

　この工場では、出勤率を94%に設定して要員配置をしています。課全体で計算すると欠勤補充要員が数名必要になります。課長は補充要員として多能工を配置しました。彼らは欠勤があったときは生産作業に従事しますが、普段は職場から出された、「やりにくいから、こうしたらどうだろう」の声を提案者と一緒になって実現してみる役を担当しています。意見を出すとすぐに具現化する雰囲気が、次の声を誘っています。

変だなの感度を上げるために、リーダーは以下のことを心掛けてください。

1)　不良ゼロの翌日朝礼では、ゼロを喜び合う

「人のすることだから、たまにはミスもあるさ」の会話が、「昨日はミ

スがあった。悔しいね。作業の中に落とし穴があるかもね」に変わって
くるとしめたものです。良いのが当たり前と感じた集団は一層変化に敏
感になります。

2) 「なぜ」の前に、「いいことに気がついたね。貴重な情報をありがと
　う」を重視する。

　作業者はいつでも不良をつくりたくないと思って作業を続けていま
す。ミスの叱責よりも、ねぎらいの言葉がイキイキ職場をつくり上げる
良薬です。

3)　いつでも気がついたら声が出せる職場に

　最初は作業ミスが発生したときを機会にして「なにか」を追究してき
ました。筆者の経験では、普通レベルの会社では、ワイガヤミーティン
グで、なにか感じたことを声として出してくれるまでに平均で3か月く
らいかかります。逆にいうと、3か月（おおよそ10〜15回）は、「別に…」、
「なにも…」が続くと思ってください。あきらめずに続けてゆくと、そ
のうちに「そういえば…」が出始めます。

　慣れてくるにしたがって、「変だなライン」とは無関係に、平常のと
きにも感じたことを打ち上げてくれるように職場が変わってきます。第
2章で紹介した「変だなメモ」が活躍し始めます。

　某電装品メーカーの現場で、作業者の個人名を書いたミス件数棒グラ
フが掲示されていました。研修会では個人攻撃となって意欲を下げるの
で好ましくないと教えているケースが多いのですが、この現場では平然
とやっています。管理者に伺うと、この職場のメンバーは、「Aさんは
ミスが多い」とは読まずに、「Aさんの作業にはムリ要素が多いのでは
ないか、次回はみんなでAさんの作業を観察しよう」と話し合っていま
す。現場の雰囲気が良くなってくると、作業者の姿勢もこの例のよう
に上がってきます。

■参考：心理学者のことば

イキイキ職場について心理学の先生から聞いたはなしをお伝えします。ワイガヤでは、これら、人間が本来もっている心理的特性に対応したやり方を提起しているのです。理屈は不要と思われる読者はこの項を飛ばされても結構です。

① 人間は物理的刺激をそのまま理解しているわけではない。
　あいまいな情報は前後の文脈から別のものと解釈する傾向があります。
② 正常化のバイアス：異常を認めない傾向
　人間はもともと保守的なので、異常に気がついても明確な証拠がないと行動を起こしません。
③ こじつけた解釈：情報相互の矛盾を納得させる解釈
　一瞬「おかしいな」と感じても、変化の兆候に自分の納得のゆく物語をつくって安心してしまう傾向があります。
④ 記憶は頼りにならない
　管理者が一度注意を促しても、記憶は保持されることが難しく、2日も経過すると情報は5分の1になります（見える化対応のすすめ）。
⑤ 人間は目の前の刺激に短絡的に反応する傾向がある。
　緊急時には簡単なロジックでさえも思い出すことが困難であり、通常時では思いもよらない行動を起こすことがあります。

（㈱ルネサステクノロジ　丹下恵理子氏提供）

(2)　工夫を楽しむ職場づくり

抵抗なく声にできる姿勢ができただけで、散発不良や単発不良（ポカ

ミスなど)は減少し始めます。変化・異常を感じて声に出した時点で作業者はそのことを意識し始めるのです。

　京都に身障者だけが働いている工場があります。リーダーも身障者の人でした。リーダーに毎日の不良推移グラフを作成して、「○○件以上の不良が出たときだけ、みんなとワイワイやって、出された声をそのままこのグラフに吹き出し的に記入しておいてください。それだけでいいですよ」とお願いしました。吹き出しの中には、「M君が居眠りしていた」まで書かれていました。M君は長時間緊張が続かない病気を患っています。3か月もしないうちに、全体不良が下がり始め、6か月後には新記録を達成してくれました。ちなみに、M君に対しては居眠りが起きると周りの人がサポートする行動をごく自然にやってくれるようになっていました。声に出すだけで現場はこれほどの効果を出してくれるのです。

　しかしながら、声に出すだけで下がった不良は作業者の意識が変わったことによるものです。マンネリ化することもあり得ます。せっかくやりにくい作業に気がついたのですから、次には、改善にチャレンジします。行動については **2.3.2項(5)** を参照してください。

　現場の作業者は標準どおりの作業をすることを期待されています。作業標準を順守するということは、「余計なことは考えなくてもいいから、決められたとおりに動くように」と指示しているということです。作業者は毎日決められたとおりの作業を実行しています。ところが、来る日も来る日も同じことの繰り返しでは、そのうちにマンネリ化が起きてしまいます。何も考えないで同じ作業を繰り返していると、ついついうっかりが起きてしまいます。自分の担当している仕事を「もっと簡単に・うまくやれる方法はないか」と考えながら行動すると、いろんな工夫が見えてきます。つまり、

　【決められた作業をこなす(守る)＋もっとうまい方法はないか(工夫す

る）】

で行動することによって、自分の仕事を楽しむ（工夫することの楽しみ）姿勢が生まれます。作業標準を守ることが彼らの義務ですから、工夫する行動は余分なことかもしれません。ここでは、工夫することを仕事とはとらえずに、楽しく仕事をするには工夫する面白味を体験できることが効果的であると考えます。あくまでも、工夫することは自分のためなのです。幹部の方はこれを義務として強制するのではなく、楽しむ機会を提供しているのだと捉えてください。

第1章で触れた、1960年代に誕生したQCサークル活動や創意くふう提案制度は、自分の作業をもっとラクにできないかを工夫することを通じて、工夫することの楽しみを感じる集団づくりがねらいでした。工夫する楽しみを体感した作業集団は例外なく、不良を嫌う集団として成長します。

小集団活動には、自主的な活動を求めるQCサークルと、業務として成果を追究するPM小集団や、プロジェクトチーム活動があります。後者は直接的に成果を目標に業務として活動を展開します。QCサークルなどの自主的な活動では工夫することの楽しみがねらいなので、「参加率」、「発言率」（全員発言）や「創意のユニーク性」などを重視しています。

■某社のモラール調査の結果

某組立メーカーでは毎年従業員に対してモラール調査をしています。モラールの高い職場と低い職場では何が違うのかを解析した結果、作業部門については、モラールが高い職場の共通点として以下の項目のレベルが高いことがわかりました。

　① 当日届けの欠勤率が低い：当日届けの欠勤は仲間に迷惑をかける

② 職場会が定期的に実施されている：職場内の不平・不満・苦情を隠さない雰囲気がある

③ QCサークル活動が活発：参加率・発言率・テーマ件数などが高い

④ 創意工夫件数が多い：工夫を楽しむ職場になっている

　また、モラールの高い職場（製造現場）は結果として、品質・生産性・原価低減・助け合う気風などの成績もよいことが明確になりました。①〜④は一言でいえば、イキイキ職場にほかなりません。同社はこれらを指標化して、イキイキ職場づくりに取り組んでいます。

　10年ほどお付き合いした、機械組立工場の例です。8名で構成されたあるグループは、月当たり15件ほどの不良（生産台数100台）を出していました。流出させてしまうと客先への不具合報告・再発防止報告などで大騒ぎをしなければいけません。グループリーダーが、「変だな作戦」を開始し、不良が発生した都度「なにか」をワイガヤすることにしました。発言が少なくても辛抱して続けた結果、そのうちに声が出るようになってきました。このときの管理項目は、「発言件数」、「発言者率（全員発言）」でした。

　気がつくと、30日間不良ゼロが実現していました。リーダーはこれを機に、「連続不良ゼロ日数新記録」を挑戦目標にして活動を続けました。残念ながら途中で不良が出たとき、ミスをした作業者を叱責するのであれば、こんな目標は逆効果ですが、ミスがあった場合は何かを発見する大チャンスであるという考え方をメンバーに強く説明して続けました。50日ゼロが実現したときに、工場長の発案で、「50日間連続不良ゼロ職場」の看板が掲げられ、現場サイドには、「ただいまゼロ○○日継続中」の日めくりが設置されました。見学者や他グループの人たちにも

見えるので、グループ員は良い意味の緊張感と誇りを感じて作業してい
ます。

　延々とゼロが続いて、とうとう1,500日ゼロを達成しました。当初は
不良が発生したときにワイガヤをすることにしていたのですが、気がつ
いてみたら、不良がないときでもメンバーから、「リーダー！　ここが
いつもと違うようだけれど大丈夫だろうか」と確認するようになってい
たのです。1,500日といえば7年余り不良ゼロです。この間に作業者の
メンバーも変わっているのですが、グループにDNAが受け継がれてい
るのでしょう、今でも、「変だなメモ件数」を追い続けています。リー
ダーの「不良がないとラクだ」の言葉がとても印象的でした。イキイキ
職場は、「作業を前向きにとらえ、不良が出ると悔しがる」ことを通じ
て仕事を楽しんでいます。

(3)　工夫の着眼点

　これまで、本節では、改善・対策といわずに、工夫と表現してきまし
た。つまり、ポカミスなど稀にしか発生しない不良に対しては(重要不
具合は別ですが)、必ずしも完璧な対策を考えなくても、以下のいずれ
かができたらよいと考えます。

① 不良原因をつきとめて再発防止をする(QC的問題解決)
② 作業者が「以前よりもやりやすくなった」と感じる工夫をする
③ 環境要因が乱れたときにのみ気がつくようにする
④ 気をつけるべき作業ポイントが(作業中に)見えるようにする
⑤ ミスが発生したらすぐにわかるようにする

　たまにしか発生しない不具合を防ぐためにいつもの作業(平常時)に注
意事項を増やすことは、かえってミスを誘発しかねません。何らかの方
法で作業者に「気づき」が提供できたらよいのです。

　このときに最も多く見られるのが、「見える化」です。「気をつけなけ

ればならないポイントが作業中に見える」ようにしておけばうっかりを防ぐことができます。作業者は、1個ずつ仕様が違う製品であれば作業指図書を確認しますが、量産製品では、都度、作業標準書を見ながら作業するわけではありませんので、時にはうっかりと急所を見逃すこともあるでしょうし、やりにくい作業はミスを誘います。「見える」、「ムリなく」はうっかりを防止するキーワードなのです。

　「見える・ムリなく」はいつもその作業を担当している作業者が最も敏感に感じることですので、工夫のアイデアをたくさんもっています。工夫を体験した作業者は改善に参加できたことと自分のアイデアが生きた達成感を通じて、工夫することの楽しさを体感します。リーダーはそんな機会を作業者に提供するようにしてください。

　ここで、改善を積極的に進めるタイプのリーダーの要件を、「ないものねだりやるきなし」で示した内容を**図3.3**に紹介します。3個以上が

ナ：何をやるのかがわからない人
イ：「忙しくてそれどころではない」という人
モ：「問題がない」、「うまくいっている」という人
ノ：「納期がない」、「時間がない」という人
ネ：ねだる、「人をくれ」、「何々をくれ」という人
ダ：「誰もついてこない」という人
リ：「理屈どおりにはいかない」という人
ヤ：「やられっぱなしで面白くない」という人
ル：「ルールを作ると小回りがきかなくなる」という人
キ：「嫌いだ！　やり方を変えるのはいやだ」という人
ナ：「何を今更、ベテランにデータなんていらない」という人
シ：「仕事＋α」の「αはしたくない」という人

出典）　島田善司：「QCストーリー活用のすすめ」、『標準化と品質管理』、Vol.51、No.3を筆者により一部変更

図3.3　改善を阻害する人のタイプ

該当するリーダーは行動を改める必要があると感じてください。

図3.4はイキイキ職場の活動サイクルを示しています。

図3.5にイキイキ職場づくりの結果、ポカミスが激減した例を示します。活動開始の頃は半信半疑な点もあって、活動が軌道に乗るまでの1年間は成果も30%減程度でした。1年を過ぎた頃から成果が目立ち始めて、最終的にはポカミスが活動を始めたときの2%にまで減少しています。工場長が最も驚いたことは、職場での会話が変化したことでした。従来は、「人間がやっているのだからたまにはミスが起こることは仕方がない」といった不良・ミスの言い訳しか聞こえなかったのですが、最近は、「こんなところでミスが起きるのは悔しいね。何かオトシアナがあるはずだ」と話し合い、「こんな工夫ができました！」と得意げに報告しています。工場長は毎日現場を歩くことが一層楽しくなったと話さ

第3章

ポカミスを防ぐイキイキ職場づくり

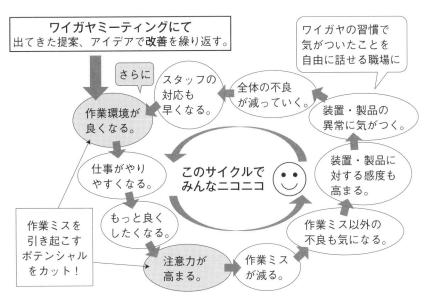

㈱ルネサス テクノロジ　丹下恵理子氏提供

図3.4　イキイキ職場の活動サイクル

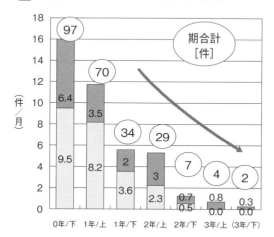

図3.5　イキイキ職場の効果例(某メーカー)

れていました。後日、客先から「最近、品質が目覚ましく安定している
けれども何かされたのですか？」と聞かれたということでした。

　繰り返しになりますが、どんなに技術が発展しようとも、作業するの
は人です。作業を楽しむ職場が最終的にはうっかりミスを防ぎ、安心し
た工程をつくります。

　1980年頃のQCサークル活動の発表で、「ときどき飲み会やハイキン
グを計画して職場の和を高めています。おかげで協力し合う仲間ができ
ています」との説明を受けることがよくありました。時にはこうした気
分転換も必要です。しかし、「飲み会をやったら打ち解けて仲良く作業
ができるようになった」というのは本当に正しいでしょうか。筆者は、
「協力して良い仕事ができるようになったので、宴会をやってもすぐに
盛り上がります」のほうが正しいと考えています。つまり、親睦会は手

段ではなく、目的と考えています。

　仕事を楽しむ集団づくりは、仕事(作業)をしている最中にこそチャンスがあるはずです。積極的に声を出し合い・工夫して、職場から作業のムリを追放することを楽しむ集団をつくりあげてください。

第 **4** 章

工程管理の基本

第3章までは、現場監督者やリーダーの行動を中心とした製造不良の発生防止について説明してきました。いうまでもないことですが、これらの活動は、開発部門を含む全社的な協業による工程整備ができていることを前提としています。

本章では、工程管理の基本を確認します。

4.1 工程管理の体系

図 4.1 に工程管理の基本の流れを示します。SDCA(Standardize-Do-Check-Act)、つまり、S(作業標準・訓練)、D(作業の実施)、C(プロセス・結果のチェック)、A(良品確認)のサイクルが回り続けます。

このサイクルは、開発段階での品質つくり込みや、生産段階での改善の結果、確保された工程能力を保つ(維持する)ために工場で実施すべきことを明確にしたものです。つまり、生産段階で発生するばらつきを許される範囲に保ち続けるための行動を示しています。ばらつきの要因を、人(Man)、機械・設備(Machine)、材料(Material)、作業方法(Method)の 4M に分けて、安定状態に保つための活動を展開します(さらに検査機能に着目した計測(Measurement)を加えて 5M とする場合もあります)。着眼点は以下のとおりです。

① 作業者(人)を管理する
- 監督者のリーダーシップを高める
- 作業者の技能を向上させる
- 問題意識・改善意識・品質意識を高める
- 良好な職場の人間関係を育てる
- 働きがいのある職場をつくり上げる

② 機械・設備を管理する
- 規定に従って、点検・手入れ・給油などを行う
- 操作基準・標準どおりの操作をする
- 突発事故に対して迅速な処置をする
- 機械・設備の異常を早期に発見する

③ 材料を管理する
- 異材混入を防ぐ
- 保管中の変質・変形を防止する

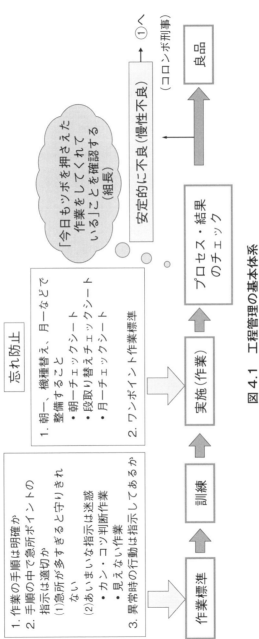

図4.1 工程管理の基本体系

- 不良材料の処置を迅速・確実に行う
④ 作業方法を管理する
  - 作業標準を整備し、教育し、守る
  - 作業標準を改定する
  - 工程改善・作業改善を進める
  - 重要工程を指定する

　これらを安心できる状態に保つことで、工程が安定します。振り返ってみれば、**第3章**までの活動は、これらが保ちにくい、または保てなくなった(異常)ときに不良品を出してしまうパターンを予防しているともいえます。工程管理では不良への対応ではなく、安定した工程の維持に目を向けた活動を進めます。安定した工程からは不良は発生しない(品質は工程でつくり込む)という考え方です。

　安定した品質を保つためには十分な工程能力を確保した工程を保つことが重要であり、安定しているからこそ、変化があったときには敏感・迅速に対応ができるのです。

4.1.1　作業標準を整備する(Standardize)

　作業標準のあり方についてポイントを整理します。ここでは、品質の確保を中心に記述します。

　新規の作業者が仕事に就くときをイメージしてみてください。最初に、これから担当する作業の意義や重要性などを教えた後に作業の内容を教えます。このときに教科書の役割を果たすのが作業標準です。教科書としての作業標準のあるべき姿は次のとおりです。

(1)　作業標準の3条件

　作業標準には以下の3つの条件があり、1つでも要素が欠けると、標準としては不適切です。

- 作業の手順が明確に示されている
- 作業中に絶対守らなければならない「急所ポイント（急所作業と守るための要領）」が具体的に指示されている
- 教えられたとおりにできないことがあったときの行動（異常の処置）が指示されている

（2）　急所ポイントの指示内容
1）　急所が多すぎると守りきれません

　作業中はすべての手順で気をつけなさいと言われても、終日緊張の連続はできません。手順どおり普通に作業していたら安心という部分は急所としないことが重要です。ある心理学の専門家は、「どんな人でも瞬時に判断できるのは3つくらいまでだ。それ以上になると混乱して1つさえも守れなくなってしまう。神様は人間をそのように創られた」と説明しました。

■熱心な監督者が犯した作業標準の勘違い

　ある組立工場で、非常にまじめで熱心なリーダーに会いました。彼がつくった作業標準書を見ると、表4.1の例のように一つひとつの作業に丁寧に注意すべきことが書かれています。
　　質問：左利きの作業者がワークを右手で支え、左手で締めつけてはいけませんか？

表4.1　作業標準の注意書き（例）

作業手順	注意事項
ワークをセットする	左手でしっかりと支えること
締め付ける	右手でドライバーを持ち、しっかりと締め付けること

　　回答：いいえ、構いませんよ
　　質問：だったら、これは急所ではありません。普通に作業して
　　　　　くださいとお願いしたら不安ですか？　しっかりと締め
　　　　　てはいけない箇所(仮締めなど)だったら急所として指示
　　　　　しておくことが重要です。
　　意味を理解したリーダーは作業標準の記述を大きく変更しまし
た。

　急所が多すぎては、本当に急所として作業すべきポイントと、普通に
作業していれば安心な作業の区別がつかなくなる恐れがあります。

2)　急所の指示にアイマイは禁物

　急所の指示に、「重要なところなのでよく注意すること」、「ミスなき
よう気をつけること」などとあいまいな表現がある場合、作業者は迷惑
します。「注意する、ミスなきよう」と言われても、作業者はいつも気
をつけて作業していますから、「どこをどのように」を教え込まないと
守りきれません。

■急所の指示がアイマイなために起こった例

　ある企業でアルミ板を点溶接している工程を拝見しました。ブラ
ジル出身のまじめな青年が作業していますが、彼の溶接チップの使
用量が異常に多いのです。作業標準の急所には「溶接痕を目視して
異形の場合はチップを整形しなさい」と書かれています。まじめな
作業者は忠実にこれを守っていました。しかし、残念なことに、ど
のようにチップを整形するのが正しいのかを教えられていませんの
で、彼は鉛筆の芯をとがらせるような整形をしていたのです。これ
では逆に溶接不良を起こしてしまいます。悩んだ彼はさらにチップ
の先端を鋭くとがらせるように整形を続けました。

　特に、あいまいでやりにくい、以下に示すようなムリ作業になる作業
要素があると要注意です。

①　作業の中に微調整事項がある

②　カン・コツで判断する事項がある

③　手元・指先が見えない

④　力仕事(重量物・指先)がある

⑤　作業姿勢が不自然(仰向け・かがみ・寝ころびなど)

⑥　特殊工具を使用する

　ムリ作業は慣れでしか対応できない、誰がやってもやりにくい作業で
す。新人が作業するとミスが起きやすいことが容易に予想できます。ま
してや、急所に上記の作業要素があると守り切れません。ここでは慣れ
と技能とは違うと考えてください。例えば、溶接工程で、点溶接を長く
やっていると打点位置が安定したり、作業が早くなったりします、これ
は慣れによるものです。しかし、点溶接はできてもアーク溶接や電気溶
接はできません。これらは技能の問題ですから技能認定を取得すること
が必要です。

　特に急所作業では、慣れないとうまくできない内容は少ないほうが安
心です。「新人だからミスが起きた」などのいいわけは、その作業がム
リ作業であることを示しているのです。新人であることが原因ではあり
ません。

3)　異常時の行動の答えはひとつ

　作業中に教えられたとおりにやろうとしてもやれないことが起きるこ
とがあります(いつもと違う)。そのときの行動を異常の処置といいま
す。異常時では、「勝手に自己判断で行動しないこと」が重要です。過
去に、勝手に判断して行動したために重大な事故(不良)を引き起こした
例は数多く紹介されています。「必ずリーダーに報告して判断を仰ぐ」
ことを徹底して教え込んでください。

4)　読んだらわかる(理解できる)記述を工夫する

　教科書としての作業標準では、読んだらわかる記述が必要です。そのためには、「詳しく、具体的に」記すことが肝要です。

　しかし、最初からすべてのことを詳細に説明しすぎると新人には覚えきれないという心配が起きてしまいます。これらを両立させるための某社の例を紹介します。

　教科書には、基本機種の作業のみが詳細に記載してあります。機種が変わったりして作業内容が変化するといった、いわゆる、応用事項は省いて、基本の機種について作業中に守るべき作業手順・急所・異常の処置を確実に覚える(理解させる)ことに特化しています。

　生産中に気を付ける項目以外、例えば、作業前の条件設定や定期メンテナンス事項などは、「忘れずに実施すること」を徹底させて、内容は覚えていなくてもそのときに確認できたら問題ないとして、覚える内容が増えすぎないように配慮しています。

　ある組立工場では、機械ごとに、黄色と緑のカードが吊るされています。黄色のカードには「朝一チェックシート」、緑のカードには「段取り時チェックシート」と書かれており、チェックする項目が箇条書きされています。作業者には、「朝は必ず黄色を触る、段取り時は緑を触る」ことを教えています。習慣になれば内容はカードに記載されているので全部を覚える必要はありません。リーダーの机には赤カードが置いてあります。赤カードには定期清掃、定期取り換えなど必要な事項が書かれています。机の横のカレンダーには赤マークが記入されています。赤マークは赤カードを取り出す日を示しています。毎日なすべき行動以外はやらねばならない日を忘れないようにした例です。これで定期保全などの実施忘れがなくなります。

■**カードを触る習慣が忘れ・見逃しミスを防ぎました**

　機械1台ごとに黄色・緑色・赤色カードを作成したので、1枚の
カードに書かれる項目数はそれほど多くはなりません。チェック
シートを作成して確認のレ点を記録させる会社が多いのですが、こ
の会社では目的が忘れ防止ではなく習慣づけなので、レ点チェック
はありません。カードを触ることさえ習慣づけておけば安心です。
内容などは基本をマスターした後にOJTで実際の場で指導員が説
明します。教科書では基本の作業手順・急所を理解し、行動できる
ことを重視しています。

5)　急所作業部分は可能な限り文章よりも図示を心がける

　図4.2にアメリカの某社が作成した作業標準例を示します。アーク溶
接の手順、急所を図で示し、異常の際の行動を明確に指示しています。
普通にやれば安心な作業についてのコメントは省略されています。文化
が異なる外国の現場でも単純化した作業標準が作業者に歓迎されていま
す。

■**ドイツの工場で面白い作業標準を見ました**

　ドイツの部品組立工場では現場作業者の多くが、イラン・ギリ
シャ・イタリア・ハンガリー・トルコなど言葉が異なる地域からの
出稼ぎの人が多かった関係かもしれませんが、作業標準として作業
手順のすべてについて右手・左手別に連続写真が添付されていまし
た。「あまり細かく写真をつなげるとかえって見落とす危険はあり
ませんか」と尋ねると、「非常時の避難ルート看板も5か国語で書
かれる工場なので、作業標準も5か国語を並べて書くよりは写真の
ほうが理解しやすいでしょう」とのことでした。この現場は3人で

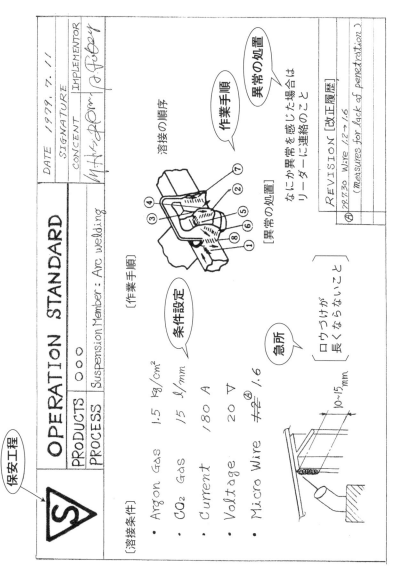

図 4.2　作業標準書の例 (アメリカ某社)

１工程を担当し、製品の左・右に１人ずつの作業者がついて、残る
１人は休憩するサイクルで仕事を回しています。作業者は休憩時に
次の製品についての写真を確認することができるのです。

4.1.2 訓練する（Standardize-Training）

いうまでもないことですが、特に作業現場では教えられたとおりに行
動することが求められます。頭で理解していてもそのとおりに動けない
と意味がありません。覚えることよりも体得することが重要です。ある
専門家が、理解と納得の違いを説明しました。「考えてから動くのは理
解のレベル、自然と体が動くのが納得であり、理想の作業者に求めるの
は納得である。」教育で理解を、訓練で納得させよ、というわけです。

単純な作業であれば問題はないのですが、作業の手順が多いとか、機
種によって作業要領が微妙に異なるようなケースの場合は、いきなりい
ろいろと詰め込まれても簡単にマスターすることはできません。

多くの企業では、「教育・訓練をしっかりとやってから作業工程に配
置する」とルールでは決められていますが、「この作業をマスターする
にはどのくらいの訓練が必要ですか」と尋ねると、明確な答えが返っ
てこない場面をたびたび経験しました。「実際にはどれくらい訓練され
ていますか」と尋ねると、「早く戦力になってほしいので１日です」と
いったケースも頻繁に拝見しました。資格取得を必要とするような業務
ではある程度の研修期間は必要ですが、一般作業ではあまり訓練期間が
取られていないケースが多いようです。

「訓練不足のためにミスを起こしました」は、作業者がミスを犯した
のではなく、管理・監督者の責任です。訓練不足のミスは十分に予想で
きることです。訓練不足を承知のうえで現場配置をした場合は、とりわ
け注意して作業状況を観察しなければなりません。

　訓練時間が十分に取れない会社で工夫された例をいくつか紹介します。

(1)　最初の教育・訓練では基本(知識)のみを教え、応用系はOJTで体得させる

　初めての作業者にあれもこれも教えると、覚えきれない可能性が高くなります。某社では基本行動のみを教え、応用動作はOJT(On-the-Job Training)で教えるようにしました。短い時間で基本を学習し、実習をしたうえで、実作業工程に配置します。その際の対応として、以下を実施します。

1)　担当工程を配慮する

　新人には配属された職場の中の最も技能を要しない工程を担当させます。

2)　ベテラン作業者を指導者としてつける

　新人の担当する工程の前または後ろの工程にベテラン作業者を配置し、ベテランがOJTでアドバイス・応用動作を指導します。ベテランをBS、BB(Big Sister、Big Brother)と命名し、作業指導のほかにも会社生活の悩み・困りごとのアドバイスも担当します。まさに職場でのお姉さん・お兄さんとして一刻も早く仲間(家族の一員)として育つことをねらいとしています。

　山本五十六元帥の名言、「やってみせ　言って聞かせて　させてみて　ほめてやらねば人は動かじ」の教えを実行しているといえましょう。

　新人が順調に育ち、初心者マークを外しても大丈夫かどうかの判断もBS・BBが行っています。

3)　覚える指導よりも習慣づけを重点にした指導を工夫する

　某社の機械加工職場では、**4.1.1項4)**の事例のようにカードを触ることを習慣づけることに徹しました。作業者が、朝は黄色カードを触らな

いとなんだか落ち着かない、という気分になってくれたら安心です。これで忘れ防止は確実にできるのです。

(2)　多能工を育成する

新人以外の作業者には多能工(いくつかの工程の作業ができる人)の育成を計画しています。新人配属の際に担当していた工程を代わったり、仲間が欠勤したときのカバーを安心してできます。さらには作業者のモラール向上をねらいとしています。**図 4.3** に多能工育成計画の例を示します。この例では、安定的に仕事をするために工程ごとに、当該工程の作業ができる必要人数(ローテーション、欠勤対応、新人配属などへの対応ができる)と、現状の充足人数を整理して作業者個人の育成計画に反映させています。

工程番号		1			2		3				……	P			
訓練事項		作業スピード	ホールドプレス	インジェクション											訓練計画
難易度		C	A	B	A	B	B	B	C	C		B	A	A	4　7　10　1　月
作業者名	あきら	●	●	●	◒	●	●	○	●	●		—	—	—	←→
	りつこ	●	○	○	○	◒	●	—	—	—		—	—	—	←→
	かおる	●	○	○	—	—	—	—	—	—		◒	○	○	←→
	⋮														
	みつじ	○	○	○	—	—	—	—	—	—		●	○	○	←→　←→
	まもる	—	—	—	○	◒	●	●	●	●		○	○	○	←→　←→
必要人員		5			5		10					3			
現状充足度		2			1		3					0			

●：技能十分
◒：標準を見ながら
○：未熟
－：予定なし

図 4.3　多能工育成計画(某社の例)

4.1.3 作業する(Do)

　作業者は教えられたとおりに手順・急所を守り続けます。しかし、なにかの拍子に、ついつい忘れたり勘違いをしたりすることは必ず起こります。作業実施段階で注意すべきことは、「忘れ防止」への配慮です。

　多くの工場では、現場に作業標準書が掲示されています。1個ずつ作業内容が異なる場合は設定寸法や連結方法などを指示する作業指示書が重要なのですが、連続で同じ製品をつくる場合は作業手順・要領は同じなので作業標準を守っていればよいのです。

　教育・訓練を終えた作業者は自分の担当する工程について、教えられたとおりの作業を続けています。ところで、作業者は1回1回作業標準書を見て確認しながら作業をしているでしょうか。流れ生産工程(コンベアーなど)では、毎回作業標準を見ながら作業していては、スピードについていけなくなってしまいます。実際のところ、作業者は標準書を見ないで作業をしているのです。

■掲示された作業標準書の役割

　作業現場に掲示してある作業標準書について、いじわる半分に会話した内容です。

　　質問：掲示されている作業標準はどうやって使うのですか。

　　回答：作業者が手順・急所を忘れた時に確認するために使います。

　　質問：教科書としての作業標準は詳しく書かれています。読まないといけませんね。読んだらわかる標準は忘れ防止として効果はありますか。

　　回答：掲示しておけば、いつでも見られるので効果はあるはずです。

　　質問：作業中に「どうだったかな」と迷う作業者は、忘れなど

のポカミスはしないのではないですか。むしろ、迷いな
どはまったく感じなかったときこそ忘れのミスが起こる
のではないですか。

回答：…

質問：掲示してある標準書は作業者にとってはあまり意味がな
いですね。管理者や見学者によく整備されている姿を見
せるのが目的、つまり、「みせかけ（見せる、掛ける）標
準」ですかね。本当は、「見たらわかる」ではなくて、
作業するときに「見える」標準が必要ではないですか。

整理すると、作業標準には2つの活用目的があります。

① 　教育の際の教科書として使う：読んだらわかるように詳しく作
業の目的や内容が説かれていることが必要

② 　作業中の忘れ防止に使う：読まなくても作業中に急所ポイント
に気づくようにすることが必要

前者は詳細に、後者は簡単に（読まなくても見える）がねらいですか
ら、両方を満足する標準書を作成しようとしてもかなりムリが生じま
す。つまり、作業中に必要な標準は、忘れ・勘違いに気がつくことを目
的としています。内容については、①で教育・訓練の段階で守ることの
大切さは理解できているので、②の作業中には目的や内容の説明は要り
ません。忘れ防止は、「読んだら・見たらわかる」ではなくて、「作業中
に重要ポイントが見える」ことが必要です。作業中に使う標準には、詳
しいことよりも、「ワンポイント」、「見える化」といった注意喚起の工
夫が有効です。

いくつかの見える化事例を紹介します。ここで紹介する見える化の数
例は、いずれも現場の作業者が考えた、お金をかけない工夫で忘れ・ミ
スを防止したものです。

■事例１：２輪車用ワイヤーハーネス製作工場の見える化例

　２輪車は品種が多く、機種ごとにワイヤハーネスに細かいハーネスが枝分かれしてついています。Aさんは見事にこれを作り分けています。しかし、Aさん自身もときどき勘違いでヒヤリとしたこともあるし、別の作業者が担当すると迷ってしまい、作業標準書を確認しなければなりません。困ったことに、ワイヤーハーネスの取りまわしを示す作業標準はわかりにくいのです。

　そこで、Aさんは作業台にダンボール板を敷きました。ダンボールにはハーネスが分岐する要所を虫ピンでガイドするとともに、正しく取りまわした結果の状態がマジックで書かれています。機種が変わるとダンボールを取り替えます。もしも、誤った取りまわしを

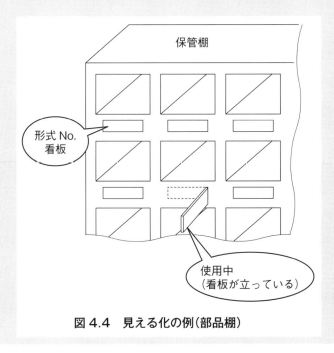

図4.4　見える化の例（部品棚）

するとダンボールのマジック線が見えるのでミスに気がつきます。

　また、部品棚には機種ごとのハーネスが置かれていますが、見ただけでは違いが見分けられません。危険なのは作業が一段落したときに残りのハーネスをもとの棚に戻す際の間違いです。そこで、**図4.4** のように持ち出し中の棚の案内板が 90 度倒れるようにしました。これで品番を確認しなくても戻しミスはありません。

■事例２：産業機器(リレー)製造工場での注意喚起の見える化例

　いくつかの工程の作業台に、「ここ！本数」、「ここ！色」などと赤字で矢印が書かれた張り紙がありました。作業者はこの張り紙で急所部分の忘れを防いでいます。何を注意するのかは訓練でマスターしているので、「ここが急所だよ、本数だよ、色だよ」」ということをうっかりと見逃さない工夫さえすれば、忘れが防止できるのです。張り紙は作業中に見えるようにしてあるので忘れはありません。

■事例３：ボルト類出庫作業での識別の見える化例

　倉庫のボルトの棚に、緑箱と赤箱がありました。以前から使っていた箱で、従来はどちらも区別なく使用していたものです。そこで、現場の作業者の提案で、緑箱は 500 本入り、赤箱は端数入りに分けて使うことにしました。例えば、納入先から 752 本などの端数注文を受けると、全部を数えなくても、緑 1 箱と赤箱から 252 本をピッキングすればよいのです。加えて、生産管理からの指示伝票にも緑 1 箱、赤 252 本と書いてもらうことにしました。これで員数確認の手間が少なくなってピッキングミスが減少しました。

■事例4 点検忘れ防止の見える化例

　半導体実装工程の例です。埃を嫌うために操作盤に扉がついています。作業開始時にカバーの扉を開けると目の前に大きな"3"という数字が貼られています。部外者には何を意味するのかは不明ですが、いつも従事している作業者には、「このカバーを開けた時には3か所チェックが必要だ」ということがわかります。チェックの箇所は知っているので、3という数字さえ見えたら忘れを防止できます。細かい指示よりも注意事項が見える、見たらわかるではなく作業していたら見える、のほうが効果的なのです。

4.1.4　プロセス・結果をチェックする(Check)

　教育・訓練、忘れ防止の対応がとられた工程では、定められたとおりの作業が続きます。しかし、生産現場では常に環境変化が起きています。知らないうちに作業全体に影響するほどの変化も起こります。これを、母集団の変化といいます。特に、好ましくない変化であれば放置しておくわけにはいきません。このときに作業者が必死にカバーして標準作業以外のことまでやって良品を保とうとする精神は尊いのですが、これでは作業者任せの現場となってしまいます。後日、再び同じことが起こることも考えられます。

　急所作業は作業者任せにするのではなく、リーダーも含めたチームみんなが責任をもって守っているのです。

　無視できないほどの変化が起きたときにタイミングよく察知することが、製品の悪化、作業者の精神的負担を防ぎます。

(1)　監督の意味

　個々の重要な要因(作業標準で急所指定をした要因)について、リーダーは「今日も作業者はツボを押さえた作業をやってくれている」ことを確認します。つまり、変化が起こる前に察知します。この行動を、監督といいます。現場のリーダーを監督者と呼んでいますが、監督者の最も大切な行動が、「良さ」の確認です。ちなみに、行動の悪さがないことを観察する行動は監視と呼びます。仲間を信頼できないリーダーではよい仕事は期待できませんし、監視していなければならないような工程で品質の安定は期待できません。作業者はいつも正しい作業をしようと努力しています。「今日も元気だね、その調子！」を確認(監督)してください。

　いつもの状態を知っていれば、「今日はいつもと比べてやりにくそうだ」、「今日はいつもと比べて顔色が悪い」など、「いつもと違う」に気づくことができます。重要要因は作業者に急所指示をしてあるから、作業者が標準を守っていたらミスが起きることはない、と考えてはいけません。何かが起こって急所が守り切れないことがあった場合、作業者は標準書に書かれていない作業を追加して頑張るなど、不良をつくらないために苦戦しています。監督することで、苦戦していることを察知できます。

(2)　工程異常を検知する

　「許されるばらつき」の一般要因については、個々の要因を眺めないで全体として思わぬ変化が起きてはいないかを確認しています。工程の節目でタイミングよく「なにかが変化している」ことをつかむのです。

　ここで、どこに節目を設けて何をチェックしていたらよいかを定めたのがQC工程表です。節目は以下の視点で検討して、通常は工程設計・工法設計を担当している生産技術部門が設定します。

第4章　工程管理の基本

1)　節目を設置する

節目で異常を検知したということは、その工程に至るまでの前工程の
どこかの一般要因（急所以外の要因）に異常があったことを意味していま
す。異常を検知したときに品質・タイミングで大きな損失につながらな
いように節目（関所）を設置することが大切です。

2)　経済的な節目の設置

あまり節目を多くしすぎると、安心は確保できても手間がかかりすぎ
て無駄なコストが発生するので、最適コストも考えます。

節目における見張りの代表の道具として使われているのが管理図で
す。管理図では、「なにかはわからないが結果として無視できないほど
に工程が変化している（母集団が変化した）」ことを工程異常として検知
しています。異常を検知したら即刻、現場を観察して変化した要因をつ
かみ、処置を施します。

重要な要因は個別に予防し（(1)）、一般要因はまとめて変化を察知す
る（(2)）ことですべての要因の変化を把握しているのです。

4.1.5　良さを確認する（Act）

最後に、完成した製品を確認します。検査行為の基本的な目的は、
「不良品を（後工程に）流さない」こと、つまり、合否を判定して選別す
ることです。ところが、昨今のようにほとんど良品がつくられている現
場では不良品が混在する可能性が低いために、発見する精度が低下しが
ちです。検査の方式・やり方を工夫する活動がますます重要になってい
ます。p.102 で、4M にもう 1M（Measurement：検知の精度）を加えて
5M としている姿を説明したとおりです。

さらには、選別だけではなく、安定した良品なのか、ぎりぎりの良品
なのか、傾向があるのかなど、良さの程度・傾向の情報をタイミングよ
く生産工程に提供（フィードバック）する役割が増大しています。

　SDCA のサイクルが順調に回っていたら、結果として、安定的に良品をつくり続けることができる、つまり、望ましい工程能力が保たれている工程が実現します。「急所が不適切、訓練不足で作業をさせた、忘れ防止を怠った、監督行動を手抜きした」などが生じると、安定した工程は望めません。このときに起きる不具合が、「慢性型」のパターンなのです。

4.2　変化に敏感な工程づくり

　工程管理の基本行動を 4.1 節で明確にしました。基本行動で工程の無視できないほどの変化に対する対応ができたことになります。ここでは、さらに変化への感度を上げることを考えます。
　慢性型の不良に影響するほどの工程異常を検出する見張り役の代表が管理図です。管理図は異常が起こったことを結果の状態で検出しています。タイミングよく検出して、悪影響する変化にはできる限り早く処置をして悪さを最小限にとどめています。
　突発型の原因となる事故（機械故障など）は作業者が作業中に気がつくはずですから、タイムラグなしに現地に直行することで事故を現認することができます。早急に処置を施すことが必要です。処置が終わった後でじっくりと原因を追究し、再発防止対策を検討します。
　散発型の多くは一般要因の小さな乱れ（工程異常とはいい切れない程度の変化）が原因で発生します。管理図などでは検出できない程度の乱れが結果として悪さを起こしています。統計的には安定している工程（管理状態）であっても製造不良が発生する可能性はあるのです。
　慢性型での工程異常や散発型でのわずかな変化を、もっと早く（結果ではなくて、起こっているタイミングで）気がつくことができたら管理のサイクルはさらにスピーディで円滑に回ることが期待できます。

　作業者はいつもの状態を体感していますので、データでは表示できないほどの環境変化にも敏感です。統計的な変化の検出ではないのですが、作業者が「今日はなにか変だぞ」と声にしてくれることで、不良発生防止のチャンスが広がります。作業者が気づきをすぐに声にできる職場づくり、つまり、**第2章・第3章**で述べたイキイキ職場が威力を発揮するのです。リーダーは**4.1.4項**で述べたチェックの際に急所以外の変化を聞き取ることも大切です。こうした、些細な変化にも敏感な職場づくりが不良ゼロ職場の実現に近づけるのです（**図4.5**）。

　監督者にとっては、毎日顔を合わせている仲間（作業者）ですから、顔つきや作業の動きをちらっと見たら「なんだか今日はやりにくそうだ」、「いつもと違う」がわかります。部品ロットの状態が変わっていたり、機械のコンディションが悪かったり、二日酔いで体調が悪かったりと作業環境はどんどん変化します。タイミングよく「今日はなにかやりにくいことがあるのか」と声をかけることが問題の発見につながります。

　筆者は監督者に、毎日最低2回は作業状態を見てくださいとお願いしています。言い換えると、毎日2回は仲間と声を掛け合おうということです。標準どおりの作業をしていないことを見張るのではなくて、「いつもどおりの作業をしてくれている」ことを確認するのです。いつもの状態を知っているからこそ、ちらっと見たら、「いつもと違う＝なにかやりにくいことがあるのでは？」に気がつくのです。作業の様子を監督するのですから時間をかけて細かく観察する必要はありませんし、チェックシートも必要ありません。

　多人数の作業者を抱えた監督者の場合は（40名の作業者を抱えている監督者がいた会社もあります）、1日仕事をしても一言も声を交わさない作業者も結構いることがあります。これでは作業の様子を監督するといってみても現実には困難です。このような場合は、仲間の中から自分を補佐してくれるサブリーダーを数名選び共同で監督行動をすることに

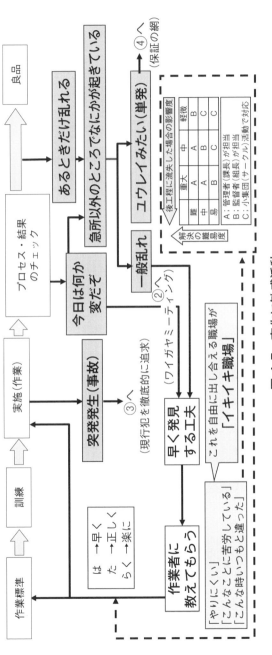

図 4.5 変化に敏感活動

第4章

工程管理の基本

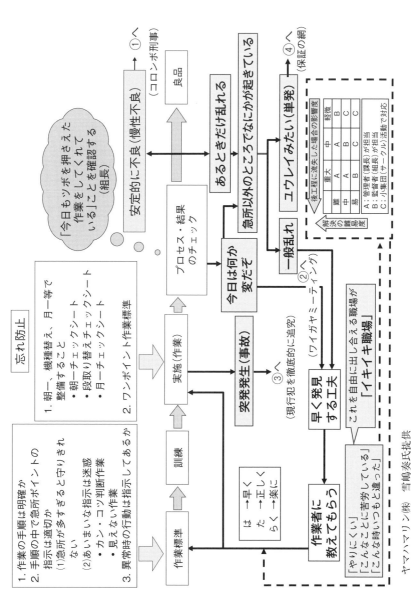

図4.6 工程管理の体系

ヤマハマリン(株) 雪嶋泰氏提供

します。1日の仕事で一言も言葉を交わさない仲間はつくりたくないのです。

図4.6に図4.4と図4.5を合成した工程管理の体系を示します。

図中の①は慢性型へ、②は散発型へ、③は突発型へ、④は単発型へつながる経緯を示しています。不良の発生パターンによって着目すべき要因を絞ることで問題解決が効率的になるのです。

なお、「着目すべき要因」は厳密にいうと100％確実なものではありません。確からしい仮説を立てていると考えてください。

4.3 工程能力の確保

これまでの記述の中で、工程能力という言葉が何回かでてきました。ここでは、工程能力に関する内容を整理します。

4.3.1 工程能力とは

製造工程で発生する不良は、定められた製品公差を外れたもの、つまり、ばらつきの問題です。繰り返しになりますが、生産工程には常に環境要因の変化が起こっています。設計・設備・作業注意などで4Mに手を打ったとしてもカバーしきれないばらつき要因が多く存在しています。

作業者が急所を守って普通に作業してくれていたら、やむを得ないばらつきの量が公差の限度以内であれば、現実にはこれらのばらつきは、やむを得ないばらつき（偶然原因）として無視していても安心です。不幸にして公差限度を超えていたら、この工程で生産される製品にはある割合（確率）で不良が発生しても不思議はないということになります。

やむを得ないばらつき量を、工程能力（工程の実力）といいます。図4.7に概念を示します。

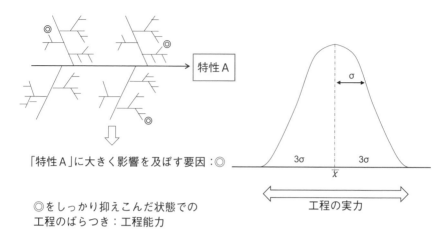

「特性A」に大きく影響を及ぼす要因：◎

◎をしっかり抑えこんだ状態での
工程のばらつき：工程能力

図4.7　工程能力

　統計的には、ばらつきの量を標準偏差（シグマ：σ）で表示し、6σ（$\bar{X}$ $\pm 3\sigma$）を工程能力と定めています。6σと公差幅を比較すれば、この工程は良品をつくり続ける能力をもっているかどうかがわかります。

（1）　工程能力指数

　工程が安定して良品を製造できる能力を有しているかどうかを知るために工程能力を数値化したのが、工程能力指数 C_p（process capability）です。統計的には公差の上限を S_U、下限を S_L とすれば、C_p は以下の計算式で求めます。

$$C_p = \frac{S_U - S_L}{6\sigma}$$

　C_p の値で工程の状態が判断できます。**図4.8** に判断基準を示します。
　一般特性は 1.33 以上、重要特性については 1.67 以上を確保することが望ましいとされています。
　本書では統計的な理論は省略し、意味することだけに絞って記述しま

第4章 工程管理の基本

NO.	C_p の値	分布と規格の関係	工程能力の有無の判断	処 置
1	$C_p \geqq 1.67$	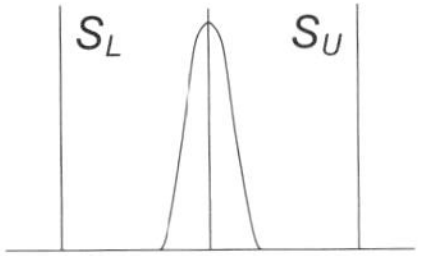 S_L　S_U	能力は十分すぎる	製品のばらつきが若干大きくなっても心配ない。管理の簡素化やコスト削減などの方法を考える。
2	$1.33 \leqq C_p < 1.67$	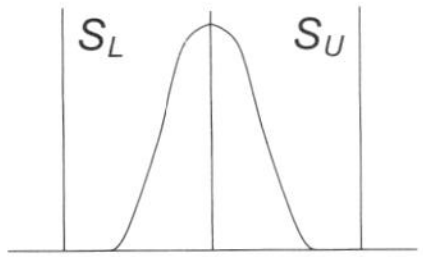 S_L　S_U	工程能力は十分である	理想的な状態なので維持する。
3	$1.00 \leqq C_p < 1.33$	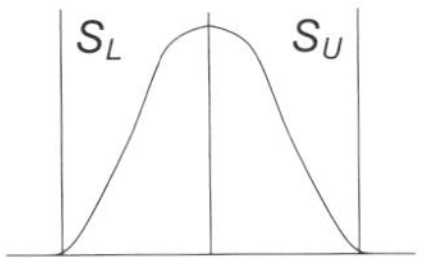 S_L　S_U	工程能力は十分とはいえないがまずまずである	工程管理をしっかり行い、管理状態に保つ。C_p が1に近づくと不良品発生の恐れがあるから、必要に応じて処置をとる。
4	$0.67 \leqq C_p < 1.00$	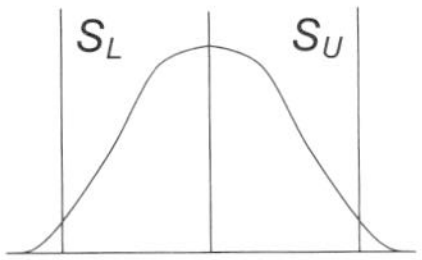 S_L　S_U	工程能力は不足している	不良品が発生している。全数選別、工程の管理/改善を必要とする。
5	$C_p < 0.67$	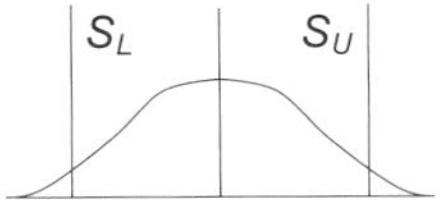 S_L　S_U	工程能力は非常に不足している	とても品質を満足する状態ではない。品質の改善、原因の追究を行い、緊急な改善を必要とする。また、規格を再検討する。

図 4.8　工程能力の判断基準

した。詳細を知りたい読者は専門書で学んでください。C_{pk}についても省略しています。

C_p値1.33は製品公差幅に対してばらつき量が2σ相当分少ない（公差幅が8σに相当するので8/6 = 1.33）ことを意味しています。この工程で公差を超える（つまり、不良の出る）確率は10万回に6〜7回以下となります。同様に、1.67以上（公差幅が10 σに相当するので10/ 6 = 1.67）では1,000万回に5〜6回ということになります。ほぼ、ゼロ保証を意味しています。

■管理図の管理限界線

慢性型の不良に関する要因を順調に対策してくると工程の安定度が上がってきます。工程能力が向上する、つまり、管理限界線の幅がどんどん狭くなってきます。言い換えると工程異常の発見力（検出力）が上がることになります。結構なことですが、続けていくと、ほんのちょっとした工程変化にも異常のアラームが鳴ってしまいます。その中には不良にはつながらないので無視できる内容も多く含まれます。毎回対応は過剰管理となって余分な作業を招くこともあります。工程能力問題では、一般に工程能力指数が1.67を超えた時点で管理限界線の更新はやめて、工程調節線として固定しているケースが多く見られます。

(2) 工程能力の高い工程づくり

工程能力が異常原因を取り除いた偶然原因の全体の量であることはすでに説明したとおりです。偶然原因のばらつきが製品公差に対して十分に小さければ、安定した品質の製品が生産し続けられるのです。ここで注目すべきことは、「異常原因を取り除いた」が前提となっていること

です。

　異常原因とは、簡単にいうと、放置しておくと大きな影響を及ぼす可能性が高い、つまり、望ましい工程能力を確保するには絶対に取り除かねばならない要因のことであると理解して下さい。

　異常原因を取り除くためには、

　　①　開発段階で、異常原因となる要因を取り除く

　　②　生産段階で絶対に守らねばならない要因を急所として抑える

ことが必要です。

4.3.2　開発段階での活動

　開発段階では、4M が以下の分担でつくり込まれています。

　　M1：材料(material)：製品設計で材料選択・構造検討

　　M2：機械(machine)：生産技術で工程計画・設備計画・工法研究

　　M3：方法(method)：生産技術で工法を定めて製造で作業標準に置き換え

　　M4：人(man)：製造で作業訓練・重点工程の作業者固定など

　1970 年代頃までの開発活動では、時系列で(製品設計－工程整備－作業準備)の順に整備されてきました。この頃の工程能力確保を見ると、以下のとおりです(**図 4.9**)。

　　①　製品設計では材料・構造の検討でばらつき減少を配慮し、対応できなかった(または対応しなかった)ばらつき要因を、「設備・治工具で対応」と生産技術に伝達します。

　　②　生産技術は設備・治工具を検討してばらつきの低減を行いますが、対応できなかったばらつき要因を「工程管理で対応する」として製造に指示します。

　　③　製造は渡されたばらつき要因を作業方法・作業者の訓練でカバーするしか仕方がありません。

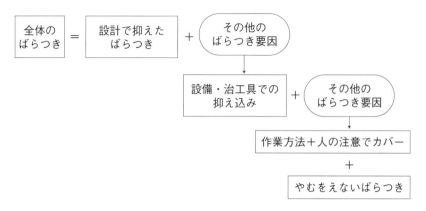

図 4.9　開発段階での工程能力のつくり込み（1970 年頃まで）

　設計から生産までの活動連携（のように見える）でも対応しきれなかったばらつきが、「やむを得ないばらつき」、つまり、工程能力となるのです。

参考：統計モデルに関心がある読者の方へ

$\sigma_T^2 = \sigma_{M1}^2 + \sigma_{e1}^2$　（製品設計での活動）

$\sigma_{e1}^2 = \sigma_{M2}^2 + \sigma_{e2}^2$　（生産技術での活動）

$\sigma_{e2}^2 = \sigma_{M1M2}^2 + \sigma_E^2$　（製造準備での活動）

　ここで、σ_{M1}^2、σ_{M2}^2、σ_{M1M2}^2 の期待値はゼロなので、

$$\sigma T^2 = \sigma_E^2$$

であり、$6\sigma_E$ が工程能力となります。

　ここで、M1・M2 のばらつき（材料・構造、設備）要素の多くは、生産を開始する前に制御・調節が可能ですから、始業点検、定期整備、条件調節などで最も安心な状態を整備してから生産を始められます（制御要因）。M3・M4 のばらつきは、生産開始前に教育・訓練したとしても

作業中に変化することがあるので、完全に準備する(制御する)ことは困難です(変動要因)。したがって M1・M2 の要因は変化を予想して対応することが可能ですが、M3・M4 のばらつきは制御ができないので管理(チェック-アクションが中心)でカバーするしかありません。M3・M4 のばらつきは、できる限り小さいほうが安心であることがわかります。

図 4.9 の流れでは、設計で対応できなかったことが設備へ、設備で対応できなかったことが工程管理へと課題の先送り状態になっています。この流れでは M3・M4 にしわ寄せが来てしまい、異常原因となる可能性が高い要因を抑え込むには限度があることになります。

発想を変えて、M3・M4 の負担を少なくする体制を考えてみます。代表例が 1980 年頃から展開されているコンカレント開発です。

コンカレント開発では、設計と生産技術が同時進行で協業するので、σ_{e1} が存在しなくなります。設計と設備で最適を検討した結果、対応できなかったばらつきが、σ_{e2} に集約されます。設計と設備が協業すれば、σ_{e2} はかなり小さくなり、作業方法、人でカバーすべきばらつきが大幅に減少することは容易に想像できることです。工程がますます安定化していきます。図 3.1 の MP 情報などが設計・設備の最適化に大きなヒントを提供しています。

■現場からの「ありがとう」、「おかげさまで」の声が開発部門の勲章です

できばえの品質を語るときに、設計・生産技術の人たちに、現場から「ありがとう」と言ってもらえるようなアウトプットが勲章ですよ、と伝えています。例えば設備の例で考えると、以下が良い設備の条件です。

① 良品条件が(定量的に)明確になっている

第4章 工程管理の基本

② 良品条件は(操業中に)ムリなく設定できる

（ムリ：微調整、カン・コツ作業、力仕事、作業姿勢、手元が見えない、特殊工具使用）

③ 良品条件は現場で容易に設定することができる

④ 設定した条件は操業中に(自然に)変化しない

⑤ 変化があったときはすぐに検知できる

⑥ 検知した変化は簡単に復元できる

こんな設備であったら、この工程から不良が発生することはなくなります。生産技術者は、設備・工程を考えるときにはいつも頭の中で自問自答することをおすすめします。量産段階では大幅な設備改造は困難なので、⑤・⑥が中心とならざるを得ないのですが、開発段階では、①～③への対応が可能となり、高い工程能力の確保が期待できます。

図4.10に、某自動車メーカーでの同じ工程についての前モデルと今回モデルの急所項目数削減とその効果例を示します。作業から急所項目が減ると品質が安定する様子を見ることができます。

4.3.3 QC工程表の役割

開発段階での設計・生産技術の工程能力確保に向けた活動で異常を起こす要因の排除はかなりのレベルで進んできます。生産工程では、

① 設備条件を維持する(生産を始める前の条件設定、メンテナンス)ための標準化

② 作業方法・人に関する作業注意事項の標準化(急所の明確化)

を、作業標準などで明示して順守に努め、異常原因となる要因の予防に努めます。統計理論では異常原因につながる要因のばらつきをゼロとして工程能力が定義されていることはすでに説明してきたとおりです。

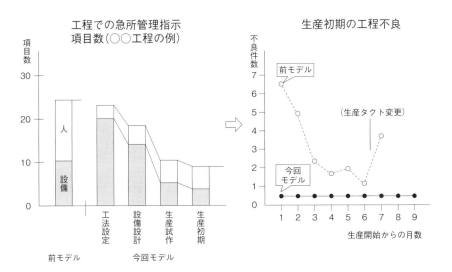

図4.10 作業急所削減とその効果例

　異常原因となる要因が取り除かれた工程には、やむを得ないばらつきに関係する要因が残っています。やむを得ない要因が安心レベル（工程能力が十分）であれば、一つひとつの要因を注視する必要はありません。「今日も順調だね」と眺めていたらよいのです。しかし、やむを得ないばらつきでも、時には大きな異変を起こすこともあります（母集団の変化）。異変で品質に悪い影響を及ぼすと大変です。大切なことは、もしも無視できないほどの変化が起きたときにはタイミングよく察知して、結果に悪影響を及ぼす前に処置することです。

　無視できないレベルの異変を、「工程異常」といいます。

　工程の要所に関所を設けて、工程異常を察知します。繰り返しますが、関所（節目）の定め方の着眼点は、以下のとおりです。

　　①　異常察知のタイミングが遅れると影響が大きくなる

　　②　関所を多くするとムダコストが発生する

図4.11 で、内容を掘り下げて説明します。

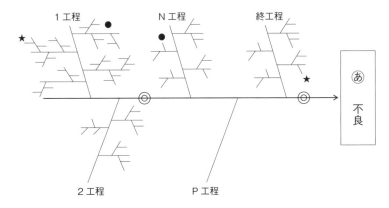

● 定期的に整備、始業前に条件設定を要する要因
★ 作業中に必ず守るべき要因(急所)
◎ その他の要因が乱れた時に検出する関所ポイント

図4.11 工程能力の考え方

① ある不良項目(あ不良)に関係する各工程の要因(工程ごとの4M)を特性要因図の様式に示したのが図4.11です。

② 開発段階で工程整備をした結果、各工程で初期条件の設定が必要な要因(●印)は条件設定表(4.1.1 項 4))の例では黄色カード)に、作業中に絶対に守らねばならない要因(★印)は各工程の作業標準に明記し、順守を徹底します。

③ 無印の要因はやむを得ないばらつき要因として通常は無視します。

④ やむを得ないばらつき要因の中のどれかが無視できないほどに変化した(原因はともかく)ときに、発見が遅れてしまうと大きな損失を被ってしまいます。タイミングの良い発見と経済性を勘案して工程の要所に関所を設け、関所を安全に通過していることを確認します。

⑤ もしも、異常を検知した場合は、関所までの工程の中の何か

（要因）が無視できないほどに変化したのですから当該工程を確認して異常の内容を突き止めます。

⑥ 普段は起こっていなかった変化（異常）ですから、とりあえずは元の状態に戻すことを優先します（現状復帰）。

⑦ 異常の内容によって、

    a. しばらくは作業開始前に観察して同じ変化が続いていないかを確認する（執行猶予）

    b. 即刻再発防止のための工程改善に取りかかる（実刑）

のいずれかを決断します。

図 4.11 の◎印が関所の位置を表しています。◎印を明確にしたのが QC 工程表です。

整理すると、

- 異常原因につながる要因は個別に急所管理で予防（作業標準）
- 偶然原因で起きる異常は関所で検知し、タイミングよく是正（QC 工程表）

ですべての要因をウォッチしていることになります。異常を検知する道具として管理図が活用されていることはご存じのとおりです。管理図では管理限界線を超える（平常時の 3σ レベルを超える）場合や点の動き（連）で工程異常を判定しています。管理図の数理については省略します。

■ QC 工程表に関する意見

  多くの会社で見る QC 工程表は、作業の急所、関所などが非常に細かく記載されており、ページの分厚さが良い QC 工程表の代名詞のようになっています。しかし、異常原因につながる要因のばらつきを急所管理などで取り除いたことを前提として、やむを得ないばらつきの変化を工程異常と定義しているのであれば、QC 工程表に

作業の急所を書き込む意味は何でしょうか。個々のばらつきにこだわる要因と、乱れを察知して行動する要因の組合せで工程のすべての要因を観察していると理解すると、QC工程表は後者のみを明示しておいたほうがメリハリがつくように考えます。筆者は、「QC工程表は薄っぺらのほうが使いやすいですよ」と訴えています。

管理図のテキストなどでは、「異常を発見したら原因を調査して再発防止を図らねばならない」と教えています。異常の中には、母集団が変化してしまい、変化した状態が続く場合と、そのときだけ変化した(無視していたら自然に元に戻るかもしれない)場合があります。後者の場合はそのときだけ注意すれば済むことかもしれません。同じ変化が起こりそうなタイミングで気がついたら変化を未然に防ぐことができます(執行猶予)。管理図で異常を発見するたびに再発防止対策を続けると、対策内容によっては作業に注意事項が増えてしまい、かえって守り切れない事態にもなります。

■モグラたたきの是非

　現象除去の対策では再発防止にはなりません。QCセミナーなどでは、「モグラたたきではだめだ」と教えています。それに反発するわけではありませんが、筆者は、「うまいモグラたたきをやりなさい」と提案しています。第2章で述べたように、稀に発生する不良に対していきなり根本的な対策をしようとすれば、対策内容によっては大きなコストをかけたり、作業性を悪くしてしまうこともあります。しばらくは、同じ変化が起こっていないかを観察していたら同じ要因で発生する不良は防ぐことができます。いわば、モグラたたきボードのモグラが出た穴に板を置くことで同じ穴からモグラが顔を出さないようにします。これを繰り返すとモグラが顔を出

すたびに開いている穴が減ってくるので、モグラをたたく確からしさが上がる、つまり、異常に対する感度が上がってきます。大きな対策をしなくても作業前に状態を確認するだけで同じ原因による不良の発生が予防できます。しばらく観察していて、同じ変化が見られない場合は無視してもいいでしょう。それでも顔を出そうとするモグラがいた（現象の再発）場合は、その時点で根本の対策を考えたらよいのです。散発型の不良には、執行猶予と実刑をうまく使い分けることが効果的です。

　管理図で異常を検知したときに、「作業者が標準を守っていなかった」、「正規の作業者が休んだので代わりの作業者が従事した」などが原因と書かれているケースをたくさん拝見しました。多分、急所を外した作業をしていたとの意味だと思います。ところで、急所を外した作業による変化は工程異常でしょうか。統計的な意味合いからしても、急所を守っている、つまり、異常原因につながる要因を抑えていることを前提として工程異常は定義されているはずです。となると、作業者が急所を守っていなかった異常は監督行動までの段階で検知・処置すべきで、結果が出てから気がつくことではないのです。作業者がツボを押さえた作業をしていなかったために起こった変化は、異常ではなくて正常ということになります。SDCAのサイクルの意味するところを十分に理解したうえでの対応が求められます。

4.3.4　QAネットワーク

　製造現場では、各工程の保証を重点とした活動をしています。つまり、作業標準の整備や技能訓練などを実施して工程を保証しています。ところで、当然のことながら個々の工程が工程能力十分であったとしても、トータルの結果が思わしくない状態では意味がありません。トヨタ

グループの各社では、個々の工程保証がスマートに連鎖してできばえ不良(最終品質特性)を防止していることを確認する目的で、QA ネットワークの整備を進めています。

(1)　QA ネットワークの構造

図4.12 に QA ネットワークの構成を示します。

開発段階で、工程の不安な要素を見つけ出し、対策を促す手法としてFMEA(工程の分析では工程の FMEA：P-FMEA)が有効な手段として使われています。FMEA と QA ネットワークの違いは、

- P-FMEA は工程(作業要素)のトラブルを洗い出して結果の不良に影響する度合いを予測する、つまり、工程(作業)単位の解析をしています。
- QA ネットワークは同じ不良でもいくつかの工程の要因が関係して発生するものもありますので、不良(または品質特性)をトップ事象にして各工程間のバランスを見て効率的な保証を検討するようにしています。

つまり、FMEA は工程の整備、QA ネットワークは結果の品質(工程で品質を保証する)を中心に眺めています。

QA ネットワークで、現場サイドが担当する「工程を保証する」内容(タテ)と、スタッフ・管理者の管理ポイントでもある｜特定の不具合を出荷させない」実力レベル(ヨコ)の両方を見ることができ、工程管理の実力を診断するための有効なツールとして活用されています。

トヨタグループの数社では部品メーカーに対して QA ネットワークの整備を義務づけています。場合によっては作成の仕方についての実地指導も実施して部品メーカーの品質保証力の向上を支援しています。

品質保証の立場では図4.12 のマトリックスを横方向に見ることによって、特定の不具合を予防するためにどの工程が関連しているか、工

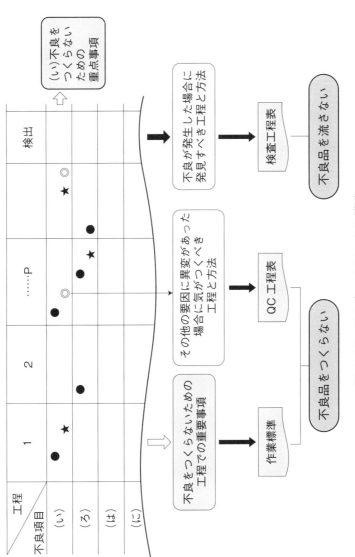

図 4.12 QA ネットワークの構造

程間の連携は適切か、全体のレベルは良いかといった、特定問題に関する工程の実力を見ることができます。実力不十分の場合は工程改善、検査レベルの調整などをして出荷品質を保証することが必要です。

品質の重要度ランクに対応して、「発生防止」と「流出防止」のあるべきレベルを設定して工程・検査のバランスをチェックしています。

- 保安・重要品質は発生防止・流出防止両方のレベルを高くして保証力を高める（限りなくゼロに近い保証）
- 一般品質は発生防止と流出防止のバランスで保証力を確保する（経済的に確率ゼロを保証）

の考え方で、表4.2に示す基準を定めています。

ここで、ランクの要求レベルは以下のとおりです。

【発生防止】

① 設備的にフールプルーフまたはフェイルセーフがされており、設備の異常が検知できる

② 4Mが標準化できている

③ 人的な要素が多いがC_pは確保されている

④ C_pが不十分で、ムリ作業が多い

表4.2 保証ランクの基準表

分類	ランク
保安項目	A
重要品質	B
一般品質	C

		発生防止ランク			
		①	②	③	④
流出防止ランク	1	A	A	A	B
	2	A	B	C	D
	3	A	C	D	D
	4	B	D	D	D

【流出防止】

　①　設備的に流出に対するフールプルーフができており、設備異常
　　　が検知できる

　②　4M が標準化できている

　③　人的要素が多く、やや不安レベル

　④　検出力不足（標準不備・訓練不足）

　図 4.13 に QA ネットワークの例を示します。「不良品をつくらない」、
「不良品を流出させない」のバランスで部品メーカーとも協力しあって
顧客（後工程）への保証力を確保していることがわかります。

(2)　QA ネットワークの編集

　QA ネットワークは、一見編集が難しそうに見えるかもしれません
が、案外簡単に作成することができます。

1)　開発段階で P-FMEA が作成されて検討されている場合

　P-FMEA の記載内容をそのまま転記すればマトリックスができ上が
ります。**図 4.14** で説明します。

　①　P-FMEA の E（影響）の不具合（a、b、c、…）を不具合項目欄に
　　　列記します。

　②　作業工程を横軸に並べます。

　③　P-FMEA の対策欄で「工程管理でカバー」と記入されている
　　　内容について工程調節（条件設定）する項目（■）、急所管理すべき
　　　事項（★）を当該箇所に転記します。

　④　生産技術から指示のあった関所でのチェック（◎）を記入しま
　　　す。

以上でマトリックスができ上がります。このマトリックスで要求され
る発生防止ランクと実力を比較して課題の有無を検討します。合わせて

第4章 工程管理の基本

機能(特性)	保証項目	過去の不具合	仕入先	受入検査	前工程 (う)製作	洗浄	(あ)組付	(い)組付	(う)配膳	(え)仮組付	(お)組付	(か)組付	(え)本組付	(き)締付	(く)組付	検査 梱包	完検 機能A	完検 性能B	目標ランク	現状ランク	改善事項
異品	a	（省略）	（省略）	②	B											②			B	B	
	b				A														C	B	
	c								②	①					②			◇	C	A	
	d			②	B				②				②			②			C	A	
	e			②												②		◇	B	B	
	f			②														◇	B	A	
	g				A														B	B	
…																					
欠品	b									①		①						◇	C	A	
	c				A						①						◇	◇	C	A	
	d																	◇	C	A	
	f																	◇	C	A	
	g																	◇	C	A	
	h											①							C	A	
	i																		C	A	
…																					

図4.13　QAネットワークの例

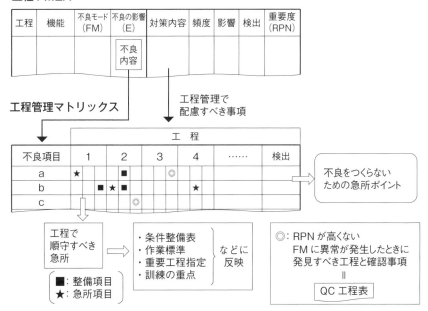

図4.14　QAマトリックスのつくり方

流出防止ランクの検討をして、QAネットワークが完成します。

2)　P-FMEA が作成されていない場合

　まず、現行の工程をスケッチして検討します。

　　①　現在の工程で過去に発生した不良項目を列記します。

　　②　マトリックスに現在使っている作業標準の■・★項目、QC工程表で指示されている◎項目を当該の工程に転記します。

　　③　新製品で変更した工程部分を修正します。

　　④　現状で工程不良の実体から、保証ランクを評価します。

　簡便法ですが、新製品が現行とほぼ同じ工程で製作されるケースでは現行のレベルを基準に見直しをすることも可能です。

4.3.5　工程保証体系のしくみ

　開発からの工程能力確保に向けた検討結果を受け継いで、生産工程で良品をつくり続ける活動全体を整理した某社のしくみを図 4.15 に示します。ここでは、不良品を、「受け取らない」、「つくらない」、「出荷しない」をキーワードにして、PDCA のサイクルを回す体系を整理しています。

- 品質表(保証機能展開)：設計のアウトプット、公差の一覧表
- 設計 FMEA：設計の検討結果から工程に求められる急所作業事項の抽出
- 工程 FMEA：設備などの検討結果から工程に求められる急所作業事項の抽出
- 部品マトリックス：できばえ不良と調達部品との関連
- 特性別工程管理表：できばえ不良と工程管理事項(急所・QC 工程表)の関連
- 検査マトリックス：できばえ不良と検査配置・検査法の関連
- QA ネットワーク：特性別工程管理表と検査マトリックスの合体。部品マトリックスも合体できたらベスト

　設計・生産技術との連携、工程管理ポイントの共有ができるようにはかったしくみ例として紹介しました。

　ここまで、工程管理の基本を見てきました。ここでは、望ましい工程能力の確保と維持による保証力の確保が中心の活動、つまり、

①　良品をつくり続けられる工程能力を確保する
　　4M についての急所ポイントを標準化する(急所作業の順守)
②　無視できない程度(工程能力を低下させる)の変化があったときの発見と迅速な対応を図る(QC 工程表による工程異常の検知)

を重点としています。基本をしっかり守ることが安定品質を保つことに

第4章
工程管理の基本

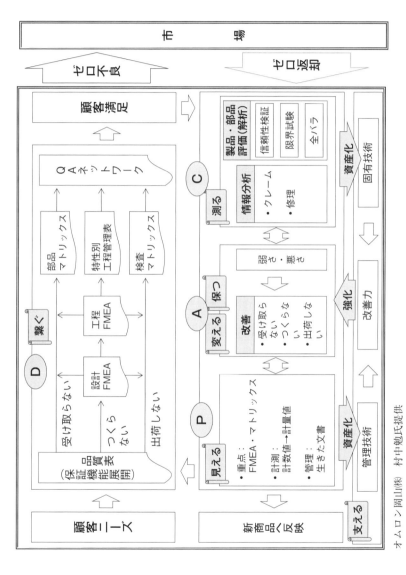

図 4.15 工程品質保証の連結

オムロン岡山(株) 村中勉氏提供

なります。これで、慢性型、突発型、散発型の一部の不良発生が予防できるのです。

繰り返しになりますが、昨今では、1個の不良にこだわるレベルが要求されています。無視できないほどの要因変化(母集団の変化)が起きていないことを管理状態といいますが、工程が管理状態でも結果として不良が発生することがあります。散発型の一部、単発型が該当します。

限りなくゼロに近いレベルを確保するためには、基本の工程管理体系のみではカバーしきれないわずかな変化への対応が必要となってきます。いつもの状態を知っている(体感している)作業者はデータに現れない変化も敏感に感じています。

　①　作業環境の変化を声にして共有する

　②　ムリ作業を排除して変化に影響されにくい工程をつくる

ことがわずかな変化への対応力を強めます。

どんなに自動化されようとも、働くのはヒトですから、活性職場が散発不良・単発不良の発生を防ぎます。**第2章・第3章**で紹介した散発型・単発型の不良への対応は、基本の工程管理体制が整備されて慢性型の予防ができている職場で一層の成果を生むのです。

いろいろな工夫を加えながらイキイキ職場を育てられることを期待します。

第 5 章

重大な特性に
対する対応

　重大欠陥に対しては、確実なゼロ保証が必須です。一般問題に対しては確率ゼロをめざしており、第3章・第4章の内容は確率ゼロに対する活動です。重大欠陥の予防には慎重な活動が求められています。

　工程管理では、一般特性の保証について確率ゼロの保証を考えています。しかし、法規違反(国、使用地域で異なる)や、人命にかかわるようなトラブルにつながる品質問題(これらを品質の社会性といいます)や製品の基本機能を喪失するような重大欠陥(エンジンがかからないなど)については新品だけではなく、稼働中の故障に対しても絶対ゼロの保証を考えることが必要です。社会的な品質要素は製品として市場に提供する前提条件です。本書ではできばえに関する不良(つまり、初期不良)に絞って考えます。

　重大な欠陥は確率ゼロでは完全な保証にはならないので、**第 2 章・第 3 章の対応では不十分です**、つまり、確実なゼロ保証が求められます。

　重大な欠陥の予防には、
- 不良がつくれない(フールプルーフ)
- 不良をつくった場合は必ず発見できる(次の作業ができない)
- 不良が起こっても結果の不良にはならない(フェイルセーフ)

のいずれかの対応を確実にしておかなければなりません。つまり、製品設計、生産技術中心の対応が求められます(作業方法、人の要因を排除する)。生産工程では重大トラブルにつながる作業ミスを確実に予防または発見できるポカミス防止を進めてください。

5.1　フールプルーフ(Fool Proof：FP)

　FP の考え方を以下に示します。製品設計や生産技術で検討する際のチェックリストとして参考にしてください。FMEA などと合わせて検討すると効果的です。

5.1.1　FP の定義
　製造現場での FP とは、「作業者がミスをしても危険が生じない、ま

たは、ミスを起こすことができないようにした工夫」のことです。FP
によって、ミスや環境要因の変化に起因する不具合（不良・ケガ・故障）
の発生を防ぐ、または検出して不具合を後工程に流さない、つまり、自
工程での保証を確実にしています。

5.1.2　良い FP の条件

　FP は結果に対する保証としては大切なことなのですが、そのため
に、作業性が悪くなったり、コストをかけすぎたりすることは避けなけ
ればなりません。良い FP の条件を以下に示します。

　　　　目的：何のためにつけられたのか、どんな不具合を抑えるのか、目
　　　　　　　的がはっきりしている
　　　　効果：効果が100％発揮されて、不具合がゼロである
　　　　仕掛け：仕掛けが簡単である
　　　　費用：つくるのに金がかからない
　　　　作業性：作業性が落ちない
　　　　保全性：保全に金、時間、スキルがかからない

5.1.3　FP 検討の対象

　すべての工程に FP を設置すると、工程が複雑になったり、作業性が
悪くなったりして生産性を悪化させてしまいます。対象を絞って FP を
検討してください。FP の対象とすべき作業は以下のとおりです。

　　①　不具合は稀にしか発生しないので、気にはしているものの、防
　　　　止・検出にかかりきりになってはいられない
　　②　たまにしか発生しないが、怖いので全数検査をしなければなら
　　　　ず、多大な工数を費やさねばならない
　　③　いくら用心しても、ついうっかりして不具合を出してしまう
　　④　発生率は低いが、ここで防止・検出しないと重大な被害につな

第5章
重大な特性に対する対応

がる

- 後工程では検出できず、そのまま市場に流出してしまう
- 後工程で検出はできるが、その時点では製品の廃却や手直し、設備・機械の破損など、経時的な損失が大きい
- 不具合が災害や火災に結びつく

⑤　いったん不具合が発生すると、作業者が気づくまで連続してしまう

⑥　自動機など、作業者が不具合を発見しづらい

⑦　不具合の発生部位がわかりにくく発見しづらい

■フールプルーフの落とし穴 1

　2個のサブ組立品を最後に組み付ける工程で起こった例です。たくさんのハーネスを組み付けるために、間違えないようにハーネスは色分けされていますが、ハーネスの本数が多いので「単色・単色に黒巻き線」など、同色でも何らかの区別がしてあります。同じ色同士をつなげたらいいので安心のはずが、あるときに結線間違いが起きました。パートの作業者はしょげかえっています。

　現場のサブリーダーが、「色を間違えることは考えにくい。きっと何かがあったに違いない」と考えて、作業者に、「なにかやりにくいことがあったのでは？」と投げかけました。すると、「ときどきハーネスがほんのちょっとしか出ていない製品があり、その場合結線のためにハーネスをつまむと単色と巻き線つきのハーネスの見分けがつかなくなります。それでも、よく注意していたらわかるはずでした」との答えでした。設計者はいろんな作業シーンを知らずにただ色分けすればよいと考えた結果の落とし穴でした。「よく注意していたら」の条件付きではFPにはなりません。

　サブリーダーは、「いいことを教えてくれてありがとう！」と返

事をして、その後、前工程を巻き線の結線、後工程を単色の結線と結線の工程を２つに分けて対応しました。このパートさんはいろんな「変だな」を伝えてくれるようになりました。

■フールプルーフの落とし穴２

あるキャブレターメーカーの例です。キャブレターには多くの小物部品が組み込まれます。これらの部品の組付け順序を誤ると、ガソリン洩れなどの重大不良になってしまいます。作業者は緊張の連続で作業しています。特に生産機種が変更になったときや１日の生産量が変更になったときなどは組み違えの危険が増えてしまいます。生産技術者が心配して部品置き場に対策をしてくれました。組付け順に該当部品の置き場にランプがつき、そのとおりに部品をピッキングすればよいので作業者は順序を覚えていなくてもよいのです。これでミスを防ぐことはできるので、作業者は緊張しなくてもよくなりました。

ところが、生産量が増えたときに、ランプの点灯スピードがアップして、とてもついていけません。焦った作業者はかえってミスをしてしまいました。生産技術者はポカミス防止をきちんとしたのにミスをするとは…と不満でした。作業者にとってはありがた迷惑な対策でした。

第5章　重大な特性に対する対応

5.2　ポカヨケ

「ポカヨケ」という言葉は、トヨタ自動車がトヨタ生産方式を推進しているときに用いられた言葉です。「作業者の不注意による誤りや失敗を防ぐこと、または、そのために設ける装置・手順のこと。FPの一

部」と定義されています。つまり、作業者がうっかり作業ミスをしそうになったときに気がつく、または、ミスができないようにします。定義にもあるように、FP の一部と考えてください。FP は作業ミスに限らずに設備異常や環境条件の変化による工程不良の発生を予防、または発見することを通じて後工程への保証を中心に考え、ポカヨケは作業者がうっかりとミスしそうになったときの気づき（ミスの予防）を対象とした改善行動を意味しています。自工程に合ったポカミス防止を工夫することが大切です。現場作業者の知恵・工夫が効果を発揮します。

　ポカヨケの対策は、以下の 3 種のポカヨケの視点で考えます。

　　①　作業ミスをしたら自然に直すポカヨケ

　　　　前提条件：どうしてもミスは防げない

　　　　だったら：ミスをしたら自然に修正して正常な状態に戻る仕掛け

　　②　作業ミスをしたら受け付けない、または、機械が止まるポカヨケ

　　　　前提条件：どうしてもミスは防げないし、自然に修正もできない

　　　　だったら：ミスをしたら治具が受け付けない、機械が加工を始めないなど、次の作業ができない仕掛け

　　③　後工程に流出させないポカヨケ

　　　　前提条件：どうしてもミスは防げない、ミスを自然に修正もできないので不具合の発生を止められない

　　　　だったら：不良が発生した時点または直後に検出して、後工程にそのまま流れてしまわないようにする

　現場サイドが考案したポカミス防止対策の代表例をいくつか紹介します。

　　①　製品の表裏・逆付けを防止する：ガイドピン・邪魔ピンを治具

につけて確実に検知する(間違ったセットができない)

② 治具にワークをセットするときの位置ずれ：タッチスイッチで位置ずれがあると起動しない(作業ができない)

③ 1台に使用する量を供給：ボルト類で1台使用分を供給(忘れ防止)

など、自工程の事情、製品の形状などに着目して工夫された例が他の文献の改善事例でいくつも紹介されていますので、参考にしてください。本書では詳細を省略します。現場独自のアイデアに加えて設計、生産技術が協力して実施した例(FP によるポカミス防止)も増えています。特に、最近はシステム対応の対策が多く見られます。

① 識別：多くのハーネス結線でハーネスの色分けで見える化

② バーコードで照合(入れ間違い、選び間違い、貼り間違い、読み間違い、見間違いを予防)

③ 画像で照合、アラーム

■ポカミスという言葉

　適切な表現がなかったからでしょうか、ポカミスというとなんとなく「作業者がミスを犯した」と言っているようなイメージがあると思います。もともと、ポカとは「囲碁・将棋の世界で通常では考えられない悪い手を打つこと」です。ポカミスという言葉は原因でもなく現象でもない、中途半端な表現です。お付き合いした会社の現場では、公用語としてはポカミスという言葉を使いますが、現場ではポカミスとは言わずに、「(ムリ作業による)うっかりミス」と呼んでいます。ポカヨケは人間だから起きる勘違い・忘れを予防する行為なのです。

あ と が き

　トヨタ車体㈱在職中に、品質保証部の部屋が現場に近いこともあって、特定の目的がないときでも製造現場をよく歩きました。そのうちに、顔なじみの作業者があちこちにできて、歩いていると、「今日は何かあったの？」と声をかけてくれるようになりました。こちらからも、「なにか面白い情報はないかね」と投げかけます。そうしていると、データではわからないような小さな変化が作業のリズムを狂わせるといった作業者のナマの声が聞こえてきます。中には、製造部門の管理職も知らないような情報も含まれています。

　製造現場は正直です。常に変化する環境要因の中で作業者の皆さんは良品づくりに精を出しており、すぐに検査で結果が明確になるので、いつでも真剣勝負をしています。

　昨今は、工程能力が不足しているために起きる不具合よりも、日による環境要因の変化やちょっとしたうっかりで起きる不具合が主流になってきています。慢性不良だ、と半ばあきらめていた不具合が実はクセをもっていることに気がついて、金もかけず、難しい手法も使わないで問題を解決した作業者の皆さんがそれ以降はすっかり自信をつけて行動するようになったのは痛快でした。

　環境要因の変化に左右されずに作業ができたらミスがなくなるに違いない、工夫することを楽しむ集団ができたらますます品質は安定するに違いない、どんなに精度の高い機械が設置されようとも、最後は"人"が主役になるはずだとの思いから第2章・第3章の提案がスタートしました。

　いろいろな業種の工場、労働環境が違うといわれる諸外国の工場などで提案してきましたが、実行してくれた工場では例外なく成果を上げて

くれました。作業を楽しむ集団からは不良は発生しないし、工場ではポカミスというあいまいな言葉が使われなくなりました。

　本書で提案した取組みは、理論よりも実践を重視しています。作業者の経験と感性を財産として日常の作業を見つめ、「仕方がない」から「何とかならないか」、「たまにはミスもあるさ」から「いつもうまくいっているのにミスが起きたのは悔しいね、きっと落とし穴があるはずだ」と会話の内容が変わった職場がイキイキ職場です。イキイキ職場は日ごろの活動・会話から育ちます。管理監督者の方はぜひとも仕事を楽しむ作業集団を育ててください。

　本書の出版には、お付き合いした各社の例を参考にさせていただき、一部借用させていただきました。厚くお礼申し上げます。

　作業を楽しみ、不良を嫌がる「イキイキ職場」づくりに、本書がお役に立てたら、筆者、望外の喜びです。

福原　證

参 考 文 献

[1]　朝香鐵一・石川馨(編)(1974)：『品質保証ガイドブック』、日科技連出版社
[2]　鐵健司(編)(1988)：『機能別管理活用の実際』、日本規格協会
[3]　赤尾洋二(編)(1988)：『方針管理活用の実際』、日本規格協会
[4]　根本正夫(1992)：『トップ・部課長のための TQC 成功の秘訣 30 カ条』、日科技連出版社
[5]　日本品質管理学会(2016)：「JSQC-Std 33-001　方針管理の指針」、日本品質管理学会
[6]　杉本辰夫(1998)：『私の経営実学』、日科技連出版社
[7]　西堀榮三郎(1995)：「西堀かるた」、モチベーション研究会
[8]　福原證(2022)：『事例に学ぶ方針管理の進め方』、日科技連出版社

索　引

【英数字】

1 個不良　　7、67
　　──の着眼点　　73
4M　　102
5M　　120
BB　　112
Big Brother　　112
Big Sister　　112
BS　　112
FMEA　　138、148
FP　　148、152
FTA　　35、75
　　──の手順　　75
MP 情報　　84、131
OJT　　109、112
PM 分析　　65
ppb　　5
ppm　　5
QA ネットワーク　　138
QC 工程表　　20、119、135
QC サークル　　54
　　──活動　　2、93
QC ストーリー　　14
QC 的問題解決法　　14、35
SDCA　　17、102
TPM　　65

【あ　行】

後工程はお客様　　10
イキイキ職場　　85、122、146
　　──の活動サイクル　　97

異常　　39
　　──の処置　　107
異常原因　　128
一般要因　　20
　　──の乱れへの対応法　　51
うっかりミス　　6
エラー誘発要因　　86、87
お宝発見グラフ　　25、40

【か　行】

改善、また改善　　53
改善を阻害する人　　97
課題　　16
環境要因　　83、125
観察する　　32
監視　　119
監督　　119
　　──者　　122
管理限界線　　128
管理状態　　146
管理図　　34、120、121
偶然原因　　125、128
工夫　　50
検査マトリックス　　144
工程異常　　64、120、133
　　──報告書　　46
工程管理の体系　　125
工程調節線　　128
工程で起きる変化の例　　25
工程能力　　7、18、34、125、126
　　──指数　　126
　　──問題　　6

コトづくり　7
コンカレント開発　131

【さ　行】

再発防止　32、51
　　――のタイプ　70
作業注意事項　33
作業標準　104
散発型　18、39
　　――への対応　40
仕事を楽しむ集団　99
重大欠陥の予防　148
心理的特性　91
推移グラフ　21
制御要因　130
製造品質確保の活動　18
製造物責任　3
製造不良のタイプ　18
関所　120
ゼロ保証　4
創意くふう提案制度　2、93

【た　行】

多能工　113
楽しく仕事をする　93
多品種混合生産　6
単発型　19
どうしたら　33、66、70
特性別工程管理表　144
特性要因図　35、134
特定要因　20
突発型　18
どれどれ　33、64、65

【な　行】

ないないマトリックス　52
なぜなぜ　33
　　――分析　35、38
なにか　33、38、58
　　――に対するワイガヤ　42

【は　行】

「はたらく」の意味　10
発生防止　140
ヒューマンエラー　83
標準偏差　126
品質の社会性　148
フールプルーフ　4、83
フェイルセーフ　4、83
節目　120
部品マトリックス　144
不良ゼロ職場　122
不良の出方別の対応　33
変だなメモ　45、90
「変だな」への着眼点　52
変だなライン　42
変動要因　131
ポカミス　12、21、25、68、82
　　――への対応法　69
　　――を発生させる背景　83
ポカヨケ　151、152
　　――の視点　152
母集団の変化　118、120、133
保証の網　70、71

【ま　行】

慢性型　18、34
　　――の着眼点　35

見える化　　59、64、95、115

ムリ作業要素　　107

モラールの高い製造現場　　94

問題　　16

問題解決の注意点　　13

問題解決の手順　　13

【や　行】

許されるばらつき　　119

良い設備の条件　　131

要求品質の変遷　　2

【ら　行】

流出防止　　140

【わ　行】

ワイガヤ　　42

　――ミーティング　　90

忘れ防止　　114

ワンポイント　　115

●著者紹介

福原　證（ふくはら　あかし）

技術士（経営工学部門）。有限会社アイテムツーワン TQM シニアコンサルタント、株式会社アイデア取締役（非常勤）、一般社団法人中部品質管理協会顧問。

【経歴】

1942 年　富山県南砺市生まれ

1965 年　名古屋工業大学計測工学科卒業。トヨタ車体株式会社に入社。

品質保証部（品質機能総括）、経営企画室（全社 TQM 推進）に従事。同社のデミング賞実施賞（1970）、日本品質管理賞（1980）の受賞に品質機能総括として貢献。オールトヨタ SQC 研究会、日科技連 PL 研究会（グループ幹事）、日本品質管理学会（中部支部設立幹事）

1985 年　一般社団法人中部品質管理協会に転籍（トヨタグループトップの要請による）。事務局長、指導相談室長として地域企業の TQM 推進を支援

1996 年　有限会社アイテムツーワンを設立。国内・海外（米国・欧州・東南アジア）の団体・企業で TQM 推進・方針管理・新製品管理（QFD）・品質保証システム・工程管理（イキイキ職場づくり）・問題解決などを指導・アドバイス。同社会長を経て現職

【著書】

『製品安全技術』（共著、日科技連出版社、1982 年）

『事例に学ぶ方針管理の進め方』（日科技連出版社、2022 年）

【表彰】

第 12 回 SQC 賞（1984 年、『品質管理』誌）

Akao Prize（2001 年、QFD Institute（米国））

事例に学ぶ製造不良低減の進め方
変化に敏感なイキイキ職場をつくる

2022 年 12 月 28 日　第 1 刷発行

著 者	福原　　證
発行人	戸羽　節文

検　印
省　略

発行所　株式会社 日科技連出版社

〒151-0051　東京都渋谷区千駄ケ谷 5-15-5
DS ビル
電話　出版 03-5379-1244
営業 03-5379-1238

Printed in Japan

印刷・製本　㈱中央美術研究所

© Akashi Fukuhara 2022
ISBN 978-4-8171-9768-9
URL https://www.juse-p.co.jp/